I0045732

LES MYSTÈRES

de

NANCY.

PAR

V. VERNEUIL.

VERDUN

Imprimerie et Lithographie de LIPPMANN.

LES

MYSTÈRES DE NANCY

PAR

V. VERNEUIL.

Mon Dieu ! le plus souvent l'apparence déçoit :
Il ne faut pas toujours juger sur ce qu'on voit.

MOLIÈRE. (*Tartuffe.*)

INTRODUCTION.

Dans une édition des œuvres de Molière il est dit que, huit jours après que le Tartuffe eut été défendu, on représenta devant la cour, une pièce intitulée Scaramouche hermite; et que le roi en sortant dit à un prince : « je voudrais bien savoir pourquoi les gens qui se scandalisent si fort de la comédie de Molière, ne disent mot de celle de Scaramouche, » à quoi le prince répondit : la raison de cela c'est que la comédie de Scaramouche joue le ciel et

la religion dont ces messieurs là ne se soucient
point, et que celle de Molière les joue eux-mê-
mes, ce qu'ils ne peuvent souffrir.

C'est en effet là une grande vérité. Bien
souvent les personnes qui se trouvent jouées
dans un ouvrage ne pouvant se récrier au
nom de leurs vices qui ne sont que trop
justement blâmés, diffament l'auteur en l'ac-
cusant d'attaquer la morale et le ciel. Attaquer
les faux religieux et leurs ridicules préjugés,
n'est point d'attaquer la morale et la religion. C'est une chose dont je voudrais ardam-
ment que mon lecteur fût convaincu avant de
lire ce livre, car rien ne me serait plus
pénible que d'être accusé d'immoralité et
d'impiété lorsque je n'ai voulu être que le
frondeur du vice.

J'ai d'autant plus lieu d'appréhender ces
déloyales critiques que déjà d'avance on m'en
a accablé. Oui, je le sais, d'avance on a dit
que mon ouvrage était de basse extraction et
que moi, l'auteur, je n'étais qu'un homme de
scandale. On me l'a presque dit à moi-même,
on aurait parfaitement pu le faire sans s'en
douter; car ceux qui me jugeaient ainsi si sûrement ne me connaissaient pas plus qu'ils ne
pouvaient connaître mon ouvrage qui n'était

pas encore commencé, mais il ne leur en faut
pas davantage. On annonce un ouvrage qui a
un titre inquiétant pour leurs vices? vîte ils
aboient, ils crient ou plutôt ils braient que
l'auteur est un homme de rien et l'œuvre un
pamphlet sentant le cabaret. Oui, ils ont dit
cela de moi, ces hommes que je méprise;
qu'ils changent donc d'abord de conduite et
de caractère et ils pourront m'approcher et
me connaître, car dans leur état actuel je ne
suis point des leurs. — Oh! je sais parfaitement
ce qu'ils sont, je connais aussi bien leur méchanceté que leurs viles passions qu'ils cachent
sous leur hypocrisie, mais je sais aussi que
leurs jongleries n'ont de prise que sur les
crétins et les idiots, et les préjugés s'effacent
par le temps qui court. La raison va bientôt
lever partout son sceptre de reine, qu'ils y
prennent garde, car si leur masque tombe, ils
seront bien faibles, bien misérables. — Mon
ouvrage avait un but de scandale et d'immoralité ont-ils dit d'avance. — Ils en ont infa-
mement menti, car personne n'est plus que
moi religieux admirateur des sublimes beau-
tés du christianisme. — Personne n'est plus
que moi saintement ami de la morale qui fait
notre bonheur social. J'espère qu'après avoir

lu mon livre, le lecteur me rendra justice.

C'est trop m'arrêter à des vilenies qui ne m'atteignent pas ; ma conscience me suffit, et d'ailleurs je ne brigue aucunement l'estime ni la considération de cette espèce de gens qui s'élève contre moi.

Pour la valeur littéraire de cet ouvrage, je la regarde comme nulle, et je prie le lecteur de vouloir bien me faire la grâce d'en faire autant. — Mon peu de prétention me vient d'abord de la conviction que j'ai de n'avoir aucunement le talent de bien écrire, ensuite j'avouerai que j'ai fait ce livre à la hâte et petit morceau par petit morceau tout en vaquant à des occupations assez anti-littéraires auxquelles je suis soumis. — Sans doute un jour si j'ai le temps de le lire un peu posément je serai le premier à reconnaître toutes ses imperfections,

Que l'on veuille donc bien me laisser à mes propres critiques, je ne m'épargnerai pas, on peut en être sûr; car personne plus que moi n'aime mieux à reconnaître ses défauts et ne fait plus d'efforts pour s'en corriger. — Tout ce que je vais rapporter est vrai, mais trop discret pour me permettre des personnalités toujours offensantes, j'éviterai avec soin certains noms propres et déguiserai tous les autres.

En terminant, je puis dire que le lecteur pourra facilement remarquer que j'ai grandement usé d'indulgence dans cet ouvrage, car d'après les dispositions de mon plan, j'aurais parfaitement pu faire dévoiler malignement d'autres mystères par Georges, le personnage critique, placé de manière à pouvoir tout atteindre ; mais sans doute retenu par la crainte de *porter trop de trouble dans les familles* et de faire *répandre trop de larmes*, ainsi qu'un officieux conseiller m'en avait averti d'avance par une lettre publiée dans un journal *, je me suis modestement modéré. Il n'y aura du reste de déçus que ces messieurs qui comptaient que j'allais faire un violent pamphlet. Les personnes qui, après avoir lu mon prospectus, ont bien voulu m'honorer de leur souscription, ne seront nullement étonnées que mon ouvrage appartienne à l'école romantique.

V. VERNEUIL.

---

* Voir l'Impartial de la Meurthe — 27 décembre 1844.

I.

Au moins je vais toucher une étrange matière ;
Ne vous scandalisez en aucune manière ,
Quoi que je puisse dire , il doit m'être permis ,
Et c'est pour vous convaincre ainsi que j'ai promis,

MOLIÈRE, (*Tartuffe*,)

En 18.., par une soirée d'hiver, le jeune
baron Abel de la Tolade prenait une leçon
d'escrime dans une salle basse d'une des plus
opulentes maisons de Nancy.

C'était en vérité un beau jeune homme
que le baron de la Tolade : il avait une de
ces admirables figures rieuses et spirituelles,
au front haut et pur, au regard brillant, avec

des dents d'une éclatante blancheur, qui prêtaient un charme irrésistible au plus léger de ses sourires; avec cela sa taille était haute et bien prise, et enfin dans toute sa personne, il y avait une élégance de formes qui donnait de la grâce à toutes ses poses et à ses moindres mouvements. On ignorait complètement quel avait été son passé : il était apparu tout-à-coup dans le chef-lieu de la Meurthe où on ne l'avait jamais vu; seulement il s'était annoncé comme rejeton d'une des plus considérables familles du Périgord, et ses titres étaient vraiment incontestables.

L'aristocratie quelque peu vaniteuse de la cité Lorraine l'avait d'abord accueilli avec froideur; mais ayant fait des frais de luxe dignes de satisfaire les prétentieux les plus outrés, et surtout ayant su s'attirer la protection des nobles dames Nancéennes, il en était venu non seulement à se faire recevoir avec égard, mais aussi à être vivement recherché; la chronique locale rapportait même qu'il avait déjà obtenu les faveurs de plusieurs des plus précieuses prudes des hauts salons. Pour son caractère, dans ses rapports avec la société, il était toujours spirituellement joyeux, toujours rieur de bon ton, parfois même il était vraiment d'une gaîté par trop légère; mais, dans son intérieur, c'était toute autre chose; à peine était-il seul, qu'il devenait sombre et rêveur, on aurait dit d'un homme assailli par d'affreux souvenirs. Souvent il se levait au milieu des nuits et marchait avec agitation dans ses appartements, faisant des gestes et proférant de violentes paroles, comme s'il se fût débattu contre des fantômes qui l'eussent obsédé; le moindre bruit extraordinaire qu'il entendait le jetait dans les plus vives angoisses. C'était aussi pendant la nuit qu'il entretenait une correspondance mystérieuse qui semblait d'une grande importance : il contrefaisait sa signature sur les lettres qu'il écrivait, et brûlait les réponses qu'il recevait aussitôt après en avoir pris connaissance.

En venant à Nancy, il avait amené deux inconnus qui lui servaient de confidents, l'un, qu'il appelait Georges, était un joli garçon au teint pâle, aux beaux cheveux noirs bouclés, au sourire sardonique, au regard éveillé, c'était son secrétaire intime. L'autre, qu'il nommait Carré, était un hercule dans toutes les conditions voulues : sa taille était haute, sa poitrine puissante, ses mains larges et velues; sa physionomie était intelligente, mais féroce; il ne passait guère son temps qu'à errer nuit et jour dans la ville et les environs; il ne sortait jamais sans être parfaitement armé; lorsqu'il partait, le baron lui disait toujours : « Si tu » trouves, frappe! car tu sais qu'il ne faut » qu'un mot pour nous perdre! » et Carré s'en allait, en répondant à son maître par un regard terrible, qui voulait dire : « ne craignez rien ! »

Or, ce soir donc, le baron prenait une leçon d'escrime; il était de bonne humeur : sa correspondance lui avait sans doute donné d'heureuses nouvelles, et les recherches de Carré avaient probablement été satisfaisantes; aussi faisait-il sûrement moins assaut d'armes que de propos égrillards avec son vieux prévôt, quand, tout-à-coup, il lui sembla entendre un murmure de voix sortir des murailles de

la salle; et des sons mystérieux, joints au cli-
quetis des fleurets dans le silence de la nuit,
l'enveloppèrent d'impressions sinistres; son
visage en devint livide, et il parut en proie aux
plus affreux tourments. Se croyant d'abord sous
le prestige d'une de ses hallucinations habitu-
elles, il se contint un instant; puis enfin, cédant
à son trouble, il s'élança vers la porte de la salle.
En l'ouvrant, quelle ne fut pas sa surprise !
il se trouva au milieu d'un essaim de jeunes
filles. Toujours sous l'empire de ses cruelles
illusions, il crut entendre parmi elles une voix
qui lui glaça le cœur et le fit reculer d'épouvante; mais il sortit promptement de son
inquiétude, car il comprit que c'étaient tout
bonnement de petites ouvrières qui, en
passant, étaient venues par curiosité regarder à
travers la serrure pour le voir prendre sa leçon.
Son apparition leur donna l'épouvante; il
tendit les mains pour les saisir dans l'ombre; il
ne lui en resta qu'une : les autres se précipi-
tèrent dans les corridors avec les cris d'une
frayeur enfantine. En vain sa captive se débattit
pour lui échapper, il s'en rendit facilement
maître, et l'emporta vers sa bougie pour mieux
jouir de son grand embarras : car il se réservait
de la tourmenter; mais quand la lumière la lui
dévoila, quand il la vit toute délicate, toute
pâle, toute frémissante dans ses bras; quand il
vit sa bouche mignonne aux lèvres vermeilles,
entre lesquelles brillaient des dents de pur
émail; quand il vit ses beaux yeux bleus timides
et suppliants; quand il vit sa soyeuse chevelure
blonde dénouée sur ses épaules et couler jusqu'à ses pieds, comme un riche flot d'or; oh !
son regard fut ébloui et sa bouche railleuse se

referma. Son vieux prévôt s'apprêtait aussi à lui lancer quelques épigrammes un peu troupières ; mais en la voyant si belle, comme le baron, il fut saisi de respect et resta muet et immobile d'admiration.

Abel tenait la jeune fille appuyée sur sa poitrine, il la contemplait avec ivresse, et à chaque instant il s'attendait à la voir s'évanouir comme une ombre immortelle : car il ne pouvait la prendre que pour un ange du ciel, tant elle était ravissante. De toute son âme, il priait pour qu'elle lui restât long-temps, et pourtant, craignant de l'alarmer davantage, il n'osa plus la retenir, il la laissa libre. Bientôt alors elle s'échappa légèrement de ses bras, et disparut, en faisant éclater doucement sa petite voix sonore et tendre ; le baron l'entendit encore appeler ses compagnes, et il resta plein de douces émotions, comme lorsque l'on s'éveille d'un voluptueux songe.

En reprenant son fleuret, sa main était agitée et ses genoux fléchissaient sous lui. Il congédia son maître, espérant trouver du calme en se livrant au sommeil : mais il s'était produit en lui une impression ineffaçable ; vainement il chercha le repos, son émotion ne fit qu'accroître. Dans ses songes, la jeune fille lui apparaissait comme un bel ange ; elle venait se poser sur sa couche et le contemplait avec son charmant regard, lui souriait avec sa délicieuse bouche ; puis, avec des accents tout divins, elle lui chantait l'amour ; il la maudissait, voulait la repousser, et, malgré lui, il s'énivrait de ses angéliques séductions. Oh ! que pendant toute cette nuit le baron eut de belles illusions et de cruels débats !

Allait-il donc devenir amoureux ? lui, blasé jusqu'au plus profond du cœur, lui, qui se piquait tant de dédain pour les sentiments romantiques ?

Oui, vraiment, il l'était amoureux ; et de qui ? quelle était donc cette jeune fille ou plutôt cette merveilleuse apparition aux charmes si entraînants, qui avait pu lui inspirer spontanément de si vifs et si extraordinaires sentiments ?

A peine fut-il jour, qu'il fit appeler madame Poisson, qu'il utilisait dans ses recherches lubriques, et que, sans doute, par analogie avec son nom et sa profession, il nommait sa limande. Madame Poisson était bien le vrai type des femmes de son genre, qui malheureusement sont en grand nombre dans toutes les villes de France, et qui abondent peut-être à Nancy encore plus que partout ailleurs.

C'était bien une de ces femmes hideuses, jeune encore, mais usée, vieillie par la débauche ; à la tête pelée, au teint hâve, aux yeux éteints, aux lèvres pendantes et au langage grossièrement obscène ; ayant passé par tous les grades de la prostitution, elle en connaissait toute la tactique, et elle se servait habilement de son expérience pour traquer ses victimes ; aussi était-elle extrêmement dangereuse dans son art abominable. Elle eut sûrement pu découvrir la jeune fille la plus cachée, et donner à son client les moyens d'arriver près de la mieux gardée et de la plus vertueuse ; aussi le baron n'eut-il besoin que de lui dépeindre sa belle inconnue, et bientôt elle lui en rapporta les renseignements les plus précis : elle se nommait Madeleine ; c'était la simple fille d'un artisan. Ayant perdu sa mère depuis longtemps, elle vivait seule avec son vieux père, qui, tout occupé de ses travaux, ne pouvait guère la surveiller ; ainsi elle paraissait très-facile à approcher, et parconséquent fort aisée à subtiliser.

Guidé par les autres renseignements que madame Poisson lui donna encore, le baron pût aussitôt se rendre chez la jeune fille. Il aurait voulu la trouver laide et être rebuté par sa basse condition ; car il aurait vivement désiré rejeter cet amour extraordinaire qui venait de le saisir au cœur. En effet, comment allait-il pouvoir suivre cette nouvelle aventure, lui, déjà si préoccupé par ses correspondances, et lancé dans une foule d'intrigues qui devaient avoir plus d'attraits pour lui, parce qu'elles pouvaient l'amener à quelques grands points d'intérêt, à un mariage avantageux peut-être.

Enfin, il arriva chez Madeleine se promettant de plus en plus de rompre le charme qu'elle lui avait jeté. Il fut reçu dans une arrière-boutique, salon en vérité plus que modeste ; cependant c'est en vain que le baron y chercha un objet de répugnance : tout y était simple , pauvre peut-être, mais une exquise propreté donnait à cette misère un éclat qui valait sans doute celui du plus grand luxe ; et puis la jeune fille, quoique modestement vêtue, parut aux yeux du baron plus belle que le soir dans ses bras, plus ravissante que dans ses rêves, et alors il se sentit perdu. Un seul espoir lui vint, il se dit : quand je l'aurai flétrie, je pourrai sans doute m'en détacher ; mais deux personnages qu'il rencontra près d'elle, attirèrent d'abord son attention.

2

D'une part, c'était l'abbé Gosselin, jeune et joli prêtre, au rabat coquettement dressé, aux cheveux blonds artistement frisés, mais au regard astucieux, aux lèvres pincées, et sur le visage duquel se trahissait quelque chose de cruel et de profondément libertin. Il était bien, en effet, le vrai type de tout ce que la soutane peut renfermer de plus pervers et de plus débauché : à la fois joueur, ivrogne et voluptueux à l'excès, il menait secrètement la vie la plus désordonnée. Pour mieux le faire connaître, il me suffira, du reste, de rapporter les phrases suivantes qu'il prononçait souvent lorsque, dans ses joyeuses parties, le vertige de l'ivresse lui avait enlevé tout sentiment de prudence ; montant donc sur une chaise pour dominer son bachique auditoire, composé de jeunes abbés et de vicaires de son école, il disait à haute et intelligible voix : « Moi, abbé Gosselin,
» par la grâce de Dieu et de tous les saints,
» je confesse être entré au service de l'église
» apostolique et romaine, tout simplement
» dans le but de me créer la meilleure
» position pour jouir de la vie le plus gaîment
» possible.

» Ignorant le systême du monde, je m'étais
» d'abord fait militaire, croyant, dans cette
» carrière, trouver tous les plaisirs ; mais
» erreur ! avec mon bancal et mes moustaches,
» partout j'étais suspect ; on me prêtait mille
» aventures, et en réalité je n'avais rien ; au
» lieu que maintenant, avec ma tonsure et
» ma soutane noire, le sanctuaire virginal de
» la jeune fille et le boudoir des plus jolies
» femmes me sont ouverts à discrétion : je
» confesse les maris et j'endoctrine les dames !

» Amis, convenez donc que ma philosophie
» est excellente et notre état charmant. » Ici
ses compagnons l'interrompaient pour chanter
un vivat, et son discours était suivi d'une rasade
de punch et de bischoff.

Le baron le connaissait parfaitement ; il
l'avait souvent rencontré dans les salons de
l'aristocratie, et il avait même déjà eu avec lui
quelques pointes de rivalité pour une certaine
dame, qui, éprise de sa belle figure méridio-
nale, lui avait offert ses faveurs en délaissant
l'abbé. Lorsqu'il l'aperçut, en entrant chez
Madeleine, il se dit : « encore lui ! » et le sang
lui reflua au cœur ; car il comprit que ce ne
pouvait être que pour des motifs abominables
que ce prêtre indigne venait près de cette jeune
fille ; et en effet, voici quelles étaient ses intentions : il y avait environ six années qu'il avait eu
l'occasion de voir Madeleine chez son oncle, des-
servant d'un bourg des environs de Nancy, chez
lequel elle était allée après la mort de sa mère ;
elle n'était alors qu'une toute petite enfant, mais
déjà on pouvait reconnaître qu'elle deviendrait
une beauté remarquable ; aussi l'abbé avait-il
dès lors formé sur elle des projets de séduction.
Toutes les fois qu'il avait occasion de la voir,
il la comblait de caresses, l'amusait, et com-
mençait ainsi à s'attirer son affection d'enfant ;
souvent même, lorsqu'il se trouvait seul avec
elle, il la prenait sur ses genoux et la serrait
frénétiquement sur sa poitrine, en la contem-
plant d'un regard étincelant d'horrible con-
voitise ; un philantrope, qui l'aurait surpris
dans un de ces instants, l'aurait poignardé sans
pitié, car rien n'était plus propre à inspirer
une violente indignation que le spectacle

de cette innocente dans les étreintes de ce prêtre cynique.

Cependant elle était revenue chez son père,
à Nancy, et l'abbé, distrait par une foule de
bonnes fortunes qui lui étaient arrivées, l'avait
complètement perdue de vue. Depuis quelques
jours seulement, il venait de la retrouver et
s'était aussitôt remis à sa poursuite pour accomplir ses projets de séduction.

L'autre personnage que le baron rencontra
chez Madeleine était un tout jeune homme, à
complexion délicate, aux cheveux blonds, aux
traits pleins de douceur, et qui, par sa mise,
paraissait être de la classe ouvrière ; il se nommait Gabriel : c'était le fiancé de Madeleine. Ils
étaient tous deux encore enfants, lorsqu'à son
lit de mort, la mère de la jeune fille, marraine
de Gabriel, les avait unis, et demandé,
comme dernière volonté, qu'ils le fussent pour
toujours. Depuis ce temps, les parents ne les
avaient pas séparés, et tous deux s'étaient
épris l'un pour l'autre du plus vif attachement.

Gabriel surtout, aimait éperdûment Madeleine; aussitôt que son travail lui laissait un instant
de libre, il venait le passer près d'elle, et il mettait toute son attention à la servir et à lui causer
de la joie.

Si un philosophe avait pu contempler ces
quatre personnages et pénétrer leurs pensées
intimes, il aurait sans doute fait de bien tristes
réflexions. Cette jeune fille, candide et confiante, ignorant les dangers qui l'entouraient ;
Gabriel, animé d'un amour si profond et si pur
pour cette jeune fille, qui devait faire le bonheur de tout son avenir : oh ! que ce couple

d'innocence avait de charmes et pouvait inspirer
de généreux sentiments; mais quel contraste!
en reportant sa vue sur ce noble impudent et
sur ce prêtre infâme, là, comme deux vautours
avides, prêts à s'entredéchirer dans leurs passions frénétiques, pour se disputer leur douce
victime! C'était à faire frémir d'horreur.

Si la présence de l'abbé chez la jeune fille
avait paru suspecte au baron, l'abbé lui-même
n'avait pas été moins piqué d'y rencontrer son
rival. Cependant la conversation s'engagea très
délicatement entre eux; ils dissimulèrent parfaitement leur rage secrète; l'abbé se retira le
premier. Lorsque le baron fut seule avec Madeleine et son fiancé, il étendit un peu plus
ses causeries, et hasarda quelques questions.
Madeleine rougissait et pâlissait tour-à-tour;
elle était grandement intimidée devant cet homme qu'elle voyait pour la seconde fois, et qui
lui avait fait si grande peur la veille dans la
salle d'armes.

Cependant elle se remit peu à peu de son
émotion, et répondit avec plus d'assurance au
baron. Les quelques paroles qu'il lui entendit
prononcer, ne firent qu'accroître ses sentimens
pour elle; il trouva dans sa voix une suavité,
une douce harmonie qui pénétra son âme et
lui produisit les émotions les plus énivrantes;
et puis, non-seulement le timbre de sa voix
avait du charme, mais encore elle s'exprimait
de la manière la plus correcte et la plus élé-
gante. C'est que son instruction était loin d'être
aussi nulle qu'il l'avait supposé : le prêtre,
son oncle, chez lequel elle avait passé une
partie de son enfance, l'avait fort bien élevée,
elle était surtout habile musicienne : une gui-

tare, que le baron aperçut dans sa modeste
chambre, lui donna l'occasion de lui parler
de cet art, et elle soutint la conversation de
la manière la plus savante et la plus agréable,
si bien que le noble amoureux s'oublia fort
longtemps auprès de la jeune fille. Quand il
songea enfin à la quitter, il en prit très ga-
lamment congé, lui promettant de revenir la
voir, et il termina en se rendant près du père,
pour lui faire une commande relative à son
état, afin de donner un à propos à sa visite.

Lorsqu'il fut de retour chez lui, il se mit à
réfléchir sur ce qu'il éprouvait et sur ce qui
venait de lui arriver. Il chercha d'abord encore à s'expliquer son amour si extraordinaire, ensuite il calcula comment il pourrait
s'en délivrer. L'idée de séduire la jeune fille
lui revint, mais son intéressante candeur et
l'amour si pur de Gabriel, qu'il avait deviné,
le firent hésiter dans sa résolution; puis, tout
en rêvant, incertain, il songea à l'abbé Gosselin, et il sentit aussitôt la plus profonde fureur s'allumer dans son âme : ce mauvais
prêtre avait peut-être déjà souillé la jeune
fille, et, s'il ne l'avait pas encore fait, sans
doute il se préparait à accomplir ses desseins;
car, ayant vu le baron chez elle, il avait
probablement conçu des soupçons qui devaient
le presser d'agir, afin de prévenir les démar-
ches de son noble rival; peut-être n'attendait-
il que la faveur de la nuit pour effectuer ses
tentatives. Toutes ces réflexions vinrent à la
fois au baron, et elles firent naître en lui les
agitations les plus violentes. Pendant quelques
instans, il se promena vivement dans sa chambre, se mordant les lèvres de colère et jetant

par moment des exclamations incohérentes ;
puis, tout-à-coup, paraissant prendre une
détermination bien arrêtée, il appela Carré :
le robuste valet ne fut pas long à paraître.

—Écoute, lui dit le baron : par les nouvelles
d'aujourd'hui, j'ai la certitude que ceux dont
nous craignons la présence ici sont encore
éloignés ; au lieu donc de t'en occuper inu-
tilement cette nuit, tu vas de suite te rendre
rue...., n°..; et si un grand Monsieur, mince,
aux cheveux blonds, y paraît, tu lui feras
son affaire d'une telle façon, qu'il n'ait plus
désormais l'envie d'y revenir séduire une jeune
fille. Le portrait que je t'en fais, n'est peut-
être pas assez détaillé, pour que tu puisses
sûrement le reconnaître : j'ajouterai que c'est
un prêtre ; mais peut-être sera-t-il déguisé ?
Enfin, je m'en rapporte à ton instinct, c'est
un de tes gibiers, tu devras le distinguer.

— C'est bien, maître ; mais faudra-t il lui
en donner, répondit Carré en portant sa puissante main sur un poignard, qu'il fit briller
sous son gilet ?

—Ce sera suivant ton inspiration, je te laisse
libre d'agir ; mais toutefois, si tu ne te sers que
de tes poings ou de ton gourdin, frappe fort ;
il faut qu'il s'en souvienne.

— Soyez tranquille, répliqua rudement
Carré, et il partit.

Quelques instans après, il se trouvait au lieu
indiqué, coiffé d'une casquette de fourrure ren-
foncée sur ses yeux, enveloppé dans un carrick
de couleur sombre, et cachant sous ce manteau une énorme canne plombée. Il se prome-
nait lentement sur une étendue d'environ
trente mètres de chaque côté de la maison

désignée. Il y avait déjà au moins une heure
qu'il allait et venait ainsi, épiant attentivement
si son personnage n'arrivait pas, quand tout-
à-coup un homme apparut du côté opposé à
celui où il se trouvait; devinant que c'était
celui qu'il attendait, il courut précipitamment à sa rencontre; mais lorsqu'il arriva à la
porte qu'il surveillait, l'inconnu était déjà
entré.

— C'est bien ! tu y es, tu devras en sortir
se dit Carré, en serrant fortement sa lourde
canne, et en s'assurant s'il avait bien son poignard.

Laissons-le attendre ainsi la sortie de l'abbé
Gosselin, car c'était à lui qu'il en voulait et
c'était bien aussi lui qui venait d'entrer chez
Madeleine.

Revenons au baron. Après le départ de Carré, il s'était mis à sa correspondance, et il y
était encore, lorsque, vers minuit, Georges
arriva. Comme on le sait, c'était son secrétaire
intime; nous avons déjà quelque peu esquissé
sa physionomie ; nous devons ajouter que
c'était un jeune homme d'une instruction distinguée, doué d'une très vive intelligence, et
que surtout l'esprit d'observation était éminent
en lui, ce dont le baron se servait très utile-
ment : c'était par lui qu'il s'éclairait sur les
diverses personnes qu'il rencontrait dans la
société; Georges s'acquittait merveilleusement
de cette tâche, il ne lui échappait rien : ridicules, crimes, particularités comiques, il
dévoilait tout; il découvrait aussi bien les sentimens secrets des gens que leurs intrigues les
plus mystérieuses; sa position sociale, d'ailleurs, lui donnait de grands avantages pour

pénétrer dans l'intérieur des familles : d'une part, étant considéré comme ami du baron, il était accueilli avec déférence dans les cercles les plus distingués, et les jeunes gens des meilleures maisons ne dédaignaient pas de le traiter en camarade; d'un autre côté sa condition subalterne permettait qu'on pût, sans crainte de le blesser, le charger de commissions plus ou moins délicates, de sorte que, par ces deux rapports avec la société, il était à même de l'étudier dans tous ses caractères.

— Eh bien, baron, vous paraissez préoccupé; qu'y a-t-il de nouveau, lui dit-il, en entrant d'une manière dégagée.

— Ah! te voilà, Georges; sois le bien-venu, mon cher, répondit le baron, enchanté de voir arriver son spirituel secrétaire, qui, sans doute, allait l'égayer en attendant le retour de Carré. — Rassure-toi, il n'est rien survenu d'extraordinaire; nos affaires vont toujours bien; Léoli m'a écrit ce soir; le cours de notre monnaie s'effectue parfaitement à Paris. Je viens aussi de recevoir l'avis qu'Alix est allée à Strasbourg, comptant m'y rencontrer; j'espère qu'elle y succombera de misère. Mais il faut que je t'explique la préoccupation que tu as remarquée en moi; le sujet t'en paraîtra vraiment incroyable : je suis amoureux; oh! mais, amoureux dans toute la force du terme; j'adore si vivement la femme qui m'a jeté le charme, que j'ai passé toute la journée auprès d'elle, à dire des riens, des fadaises, dignes du plus novice écolier; et jamais je n'ai éprouvé tant de plaisir; seulement, ce qu'il y a de fâcheux, c'est que j'ai pour rival un étrange personnage; tu le connais, c'est l'abbé Gos-

selin, j'ai mis Carré en embuscade pour l'expédier, si, cette nuit, il ose approcher de
la demeure de ma séductrice. Qu'en penses-tu?
ne semble-t-il pas que je doive toujours être
en rivalité avec des abbés; à Lyon, et même
à Bordeaux, déja je me suis trouvé en guerre
ouverte avec eux : est-ce que ces satans en
robe noire voudraient s'emparer du monopole
de la galanterie? Voyons, toi, philosophe et
praticien éclairé, qu'en dis-tu?

— Parbleu, baron, si vous vous trouvez
toujours en rivalité avec des abbés, c'est, ainsi
que vous venez de le dire; que ces jeunes
ecclésiastiques deviennent en effet les galants
à la mode, et il faut bien se garder de leur en
faire un crime : c'est la force des choses qui
le veut. Les jeunes gens d'aujourd'hui, par
leur éducation, sont complètement séparés des
dames, ils n'apprennent qu'à vivre au café et
avec les filles des rues; comment voulez-vous
qu'ils aient du succès dans la société de ce sexe
quasi-céleste, où règne la délicatesse la plus
exquise, jointe aux manières les plus gracieuses
et où pétille continuellement un esprit fin,
charmant, qui dit souvent mille choses au
cœur avec une demi-syllabe, sans jamais
blesser l'oreille la plus susceptible, et qui
conserve toujours l'apparence d'une pureté
sans tache? Comment voulez-vous qu'ils
conquièrent leurs faveurs, eux, grossiers, ma-
ladroits? Lorsque, par intervalles rares, ils
pénètrent dans les palais enchantés où elles
vivent fraîches et brillantes comme des fleurs,
le parfum suave qu'elles répandent les suffo-
que; ils sont embarrassés et ne savent même près
d'elles ni marcher, ni se tenir, ni parler; aussi

n'est-ce pas injustement qu'ils sont repoussés, et qu'on leur préfère ces jeunes prêtres musqués qui ont l'art de se présenter avec grâce, qui causent avec autant d'aisance que d'esprit, et sur la discrétion desquels on peut entièrement compter ?

— Bien, bien, mon cher ; mais parlons d'autre chose. As-tu, comme je t'en ai prié, déjà fait quelques études particulières sur les mœurs de Nancy ; tu pourrais très-à-propos me les communiquer pendant que nous sommes seuls en attendant Carré.

— Ma foi, maître, j'y songeais. Je dois d'abord vous dire que non seulement je me suis occupé de la tâche que vous m'avez imposée, mais que le hasard s'est montré extrêmement favorable à mes recherches, de sorte que j'ai eu positivement l'occasion de connaître les personnes que vous m'aviez principalement recommandées ; figurez-vous donc que hier au soir, je descendais la rue Stanislas ; il faisait sombre et assez mauvais temps, je ne rencontrais personne, lorsque tout-à-coup j'aperçus devant moi un homme qui me parut ivre ; il marchait fortement en zig-zag, et, parfois, était obligé de se tenir au mur. Je le suivis pour voir ce qu'il deviendrait. Bientôt, dans un de ses grands écarts, il trébucha contre une pierre et roula sur le pavé ; je courus à son aide ; quelle ne fut pas ma surprise en le relevant, je reconnus le marquis de la Treille.

— En es-tu bien sûr ? interrompit le baron ; se pourrait-il que ce fût cet important personnage qui jouit d'une si haute considération, et qui, en société, aime tant à prêcher la morale et la tempérance.

— Lui-même, vous dis-je, et vous allez vous
en convaincre. D'abord, comme vous, je me
refusais à croire que ce pût être lui ; pourtant
mon étonnement ne devait pas s'arrêter là : en
me reconnaissant, il me dit, non sans quelques
hoquets bachiques : c'est toi, Georges ! merci de
ton secours, mon garçon. Puis, un instant après
il ajouta : écoute, mon ami, je sais que tu es un
brave jeune homme, bien obligeant, bien discret ; il faut que tu me rendes un service : je t'en
récompenserai dignement. Vous comprenez que
je ne dus pas hésiter à me mettre à sa disposition; je l'assurai donc de mon parfait dévoue-
ment. Alors il me dit : va, Grande-Rue (Ville-
Vieille, N°...), tu monteras au premier, tu
frapperas à la porte qui se trouve à gauche du
corridor ; tu demanderas ma clef, que j'y ai
oubliée, et tu reviendras me prendre ici, je
vais t'attendre là, assis sur cette pierre, dans cet
angle sombre.

Ses indications étaient parfaites; j'arrivai
tout droit à la porte; je frappai... j'entendis
une voix de femme qui me dit : entre donc vite,
Charles, le vieux mufle est parti. Diable !...on
en attendait un autre que moi, je compris de
suite que celui qu'on qualifiait de mufle était
mon pauvre marquis et que ce Charles que l'on
appelait si vivement était l'amant de cœur de
sa maîtresse infidèle. — Pauvres vieux aristocrates, on vous fait bonne mine pour avoir votre
or, et à peine êtes-vous disparus, on en reçoit
un autre que l'on aime et avec lequel on s'enivre du vrai bonheur en riant de votre infortune.

La belle impatiente était vraiment délicieuse
sur son lit opulent : ses grands yeux noirs

pétillaient de désirs; sa bouche, assez vermeille, semblait appeler un baiser, son sein se gonflait déjà de volupté; c'était bien là une femme ardente, sentant l'approche du plaisir.

Mais quelle ne fut pas sa surprise, en voyant apparaître, à la place de son Charles chéri, un inconnu, maître de son secret, et qui pouvait la perdre près de M. de la Treille qu'elle venait d'injurier si grossièrement. A son étonnement, succéda visiblement une profonde inquiétude; elle balbutia quelques mots pour se justifier. Touché de son embarras, je feignis de n'avoir rien entendu, rien compris, et la belle infidèle m'adressa un doux regard de reconnaissance. J'aurais sûrement pu en obtenir davantage; mais le temps me pressait. Je ne pouvais oublier le marquis, ni la commission dont il m'avait chargé. Aussi, une fois possesseur de sa clef, je dis adieu à sa maîtresse, et retournai précipitamment vers lui. Son ivresse n'avait fait qu'augmenter; il était en proie à une violente agitation vineuse. Je lui donnai le bras et nous gagnâmes tant bien que mal sa demeure. J'ouvris la porte, je le soutins dans l'escalier, que nous montâmes avec beaucoup de peine, et enfin nous arrivâmes dans sa chambre. Je cherchai aussitôt à me procurer de la lumière, mais impossible de mettre la main sur les allumettes, mon fieffé ivrogne, gisant sur le parquet ne pouvait me dire où elles se trouvaient; j'errai au hazard dans l'obscurité; je palpai le dessus des meubles, rien! je fulminais de colère. Pour comble de mésaventure, en allant et venant de tous côtés, je me heurtai contre une table chargée de porcelaine, qui tomba et se brisa avec fracas. Ce terrible coup

me fit terminer mes recherches. Je résolus d'en
finir sans lumière; je défis la cravate de mon
homme, lui tirai ses bottes et l'étendis entre
l'édredon et la couverture de son lit. Tant pis
pour lui, me dis-je, il y a encore des ivrognes
qui couchent souvent plus mal. Enfin, je me
croyais au bout de l'aventure; mais point du
tout : arrivé à la porte de la rue pour sortir,
je ne pus l'ouvrir; j'eus beau tâtonner dans
tous les sens, impossible de trouver le secret
de sa fermeture. Mon embarras devenait cruel,
mais ce n'était rien encore. Ayant fait quelque
bruit, un énorme chien couché sous l'escalier
se réveilla et s'élança vers moi avec des aboie-
ments qui firent trembler tout le logis; par
bonheur que sa chaîne ne lui permit pas de
m'atteindre, car il m'aurait sûrement dévoré.
Les hurlements de ce maudit dogue devaient
certainement réveiller les gens de la maison ;
bientôt, en effet, j'entendis ouvrir une porte.
Je me disposais à m'expliquer; mais jugez de
mon étonnement : au lieu de paraître alarmée,
la personne qui se présenta fit taire le chien et
me dit d'une voix fort caressante : c'est toi,
Charles. — Encore Charles ! ce personnage là
est donc universel. Pour le coup, je fus intri-
gué : j'avais reconnu la voix de Mme de la
Treille. Pressentant là quelques nouveaux
mystères, je résolus de me prêter à l'aventure.
Je laissai donc croire que j'étais en effet Charles.
Aussitôt me prenant la main, elle m'entraîna
vers sa chambre. En passant près de la porte
de son mari, elle me recommanda de marcher
doucement, afin de ne pas éveiller les soupçons de son vieux bon enfant (ainsi qu'elle le
nomma.) Le marquis lui-même m'avait déjà

fait les mêmés recommandations à l'égard de Madame; il paraît que ces notables couples tiennent à se tromper le plus secrètement possible.

Arrivé dans son antique boudoir, je craignais qu'elle ne voulût nous éclairer; la plus faible lueur lui eût dévoilé son erreur, et que de trouble il en serait résulté! heureusement il paraît que ce n'est pas dans son habitude. Elle sait sans doute trop bien, la digne matrone, qu'à son âge, on perd plus qu'on ne gagne à être vue au jour. Elle ne me proposa donc pas d'allumer, mais elle s'empressa de me prodiguer ses minauderies surannées. L'ardeur de cette vieille folle, et son haleine fétide rendirent ma position critique, convenez-en, baron? je dus me repentir de mon imprudente curiosité. Cependant je ne témoignai rien du dégoût qu'elle m'inspirait, et me contentai de feindre une indisposition subite. Ce qui parut assez sensiblement la chagriner. Qu'as-tu donc mon bel ami? me disait-elle. Oh! c'est ennuyeux, moi qui ai tant envie de rire et qui t'attendais avec une si vive impatience! tu ne te sens pas un peu mieux? Veux-tu prendre un verre de cette liqueur que tu aimes tant? Tiens! tiens! remets-toi sur mon cœur. Attends que je tire un peu tes petites moustaches, que je flatte ton beau front, que je passe ma main dans tes cheveux, tu sais, tu me dis que cela te cause des émotions si voluptueuses etc. J'étais au supplice d'être ainsi assailli par ses caresses. Elle voulait me tirer les moustaches, passer sa main dans ma chevelure. J'en étais fort inquiet, car ma barbe et mes cheveux pouvaient ne pas se trouver coupés comme

ceux du véritable amant et elle aurait peut-
être pu reconnaître le loup sous l'habit du
berger.

Il paraît, et c'est à juste titre, que Mme de
la Treille paie très chèrement ce Charles que je
remplaçais, car plusieurs fois elle me parla de
fortes sommes et de brillants cadeaux, qu'elle
devait incessamment lui donner. Pendant les
quelques instants de calme que je pus avoir
près d'elle, je réfléchis un peu à ce qu'étaient
l'intérieur et la conduite nocturnes de ces gens
si délicats et si religieux en dehors. Pourrait-
on trouver plus de turpitude à la fois : cet
homme s'énivrant comme un crocheteur, ayant
pour maîtresse une fille de joie qui, comme
j'en suis convaincu, le ridiculise, le méprise
et le floue de toute manière; cette vieille dame
aussi honteusement libertine que son mari,
entretenant à grand frais ce Charles, qui, sans
doute, est le même que celui que la grisette
attendait avec tant d'impatience et qui se trouve ainsi tout à la fois l'amant de l'épouse et de
la maîtresse : que d'horreur il y a dans tout
cela !

Il était au moins cinq heures du matin,
lorsque je pus convenablement quitter la
marquise. Il m'est impossible de vous exprimer
combien je fus heureux de sortir de cette
maison, où j'avais trouvé tant d'infamie;
j'étais avide de respirer un air pur. — Cependant pour me dédommager, j'étais possesseur
d'un secret qui me mettait à même de juger
cette femme si prude en société, et puis encore
j'avais la satisfaction d'être convaincu que je
venais de jeter entre elle et son amant un
flambeau de discorde. En effet, quelle sera leur

première entrevue ? le jeune homme parlera
comme ayant été absent pendant cette nuit, la
dame, au contraire, voudra sans doute lui
prouver sa présence par des faits qu'il ne
pourra comprendre, et il s'élevera sûrement
entre eux des explications fort originales.

— Pauvre secrétaire, tu as été mis à de bien
rudes épreuves, dit le baron ; mais enfin tu as
démasqué des gens que j'étais curieux de
connaître. Cette affaire a dû complètement te
dégoûter de courir les aventures ?

— Je vous demande pardon, cher baron, je
n'en ai pas moins continué le cours de mes
recherches ; seulement, je me suis tenu sur mes
gardes pour qu'il ne m'arrivât plus de semblables désagréments.

— Est-ce que tu aurais encore fait d'autres
découvertes ?

— Je le crois bien, je pourrais vous raconter
de nouvelles mille et une nuits.

— Vraiment, cher secrétaire ! eh bien parle,
parle vite, j'aime tant à connaître les personnes
qui m'entourent ; il me semble que les vices et
les crimes des autres me soulagent des miens.
Sais-tu quelque chose d'horrible, d'infâme,
raconte-le-moi ; je t'écouterai avec délices : —
car, en ce moment plus que jamais, j'éprouve
le besoin de ne pas me croire le plus pervers
des hommes ; voyons, raconte, raconte.

— Cher baron ! pourquoi revenez-vous toujours si péniblement sur vos souvenirs, pourquoi cherchez-vous à vous faire tant horreur
à vous-même ? — Votre passé est terrible sans
doute ; mais lorsque vous rentrez dans votre
conscience, n'y trouvez-vous pas le remords?

— Votre cœur n'est-il pas encore vivement

3

impressionnable et généreux ? Croyez-le donc
bien, toute cette sensibilité ne se trouve pas
dans un homme véritablement infâme et cri-
minel. — L'homme monstre, le profond scélé-
rat ne connait que le crime et n'aime que le
crime, il trouve ses joies les plus tendres dans
ses souvenirs les plus atroces. — Si, dans un
rêve affreux, il entend parfois les gémissements
de ses victimes, s'il voit leurs manes sanglants
se dérouler douloureusement devant lui, loin
d'en avoir le cœur glacé d'horreur, il en
éprouve au contraire d'énivrantes sensations
de plaisir. Son bonheur, sa volupté à lui,
c'est de sentir palpiter un cœur qu'il déchire
dans ses féroces mains, c'est d'ouïr attentivement les derniers râles de ceux qui expi-
rent sous ses coups. Voilà l'homme dont l'âme
est véritablement remplie du souffle de Satan
et qui est venu sur la terre avec la malédic-
tion céleste. Mesurez-vous à lui baron et voyez
quelle différence il existe entre vous ? Et je
ne vous ai parlé que des assassins de la chair,
de la matière; combien frémiriez-vous plus
encore, si je vous peignais l'infamie de ceux
qui tuent l'intelligence. C'est dans l'âme de
ces derniers que l'enfer est tout entier. — Pouvez-vous en effet comprendre combien doivent
être terribles les souffrances qui vont jusqu'à
éteindre la raison, ce divin flambeau de
l'existence de l'homme et pouvez-vous sentir combien doivent être profondément cruels
ceux qui sans pitié les imposent à leurs victimes. — Allez visiter un de ces établissements
où agonisent les fous, ces malheureux êtres
trop souvent jetés hélas ! dans cette dernière
dégradation de l'humanité par d'atroces vio-

lences morales, c'est là que vous trouverez de quoi vous élever au-dessus des cris de votre conscience.

— Merci Georges, merci, tes paroles portent un beaume bienfaisant dans mon cœur, tu me rends à mon estime. Mais dis-moi, tout en trouvant à me justifier envers les hommes, comment me présenteras-tu devant Dieu; — n'as-tu pas dernièrement avec moi entendu ce fameux prédicateur? Il me semble encore ouïr ses menaçantes paroles contre les réprouvés du juge suprême.

— En effet, maître, je l'ai entendu, et comme vous j'en fus profondément impressionné; mais en ce moment qu'en penseriez-vous, si je vous disais que, quelques jours après, ce même prêtre a facilement renié et sa foi et son Dieu. C'est du reste une histoire que je dois vous conter : figurez-vous donc que ce jour là en sortant de l'église, je me rendis chez ma jolie maîtresse Coralie, vous la connaissez? Vous savez combien son sourire a de grâce? Combien son regard a de charme? Encore ému de ce maudit sermon, j'étais tout taciturne, ma tristesse l'ennuya bientôt, elle si folle et si joyeuse, elle me taquina, me combla de ses minauderies pour me ramener à la gaîté, mais comme elle ne réussissait pas à me tirer de ma préoccupation, elle finit par m'en demander le sujet.

— Je le lui avouai; alors elle me dit : comment peux-tu être inquiété par les sermonades de ce prêtre. Il me semble qu'il t'est bien facile de concevoir qu'il n'est qu'un imposteur. Veux-tu parier un dîner au Champagne, que je l'amène à me faire la plus irréligieuse déclaration d'amour. Hé bien! maître, je tins la gageure et voici ce qui arriva...

Georges allait continuer son histoire, lorsque le baron, plus pressé de savoir ce qui s'était passé entre l'abbé Gosselin et Carré, l'interrompit pour courir au-devant de son colosse Tristant dont il entendit le pas lourd et précipité raisonner dans l'escalier.

II.

— Que l'enfer se consume dans ses flammes !
s'écria Carré entrant chez le baron, en gesti-
culant comme un possédé furieux.

— Hé bien ! que s'est-il passé ?.

— Ce qui s'est passé, maître ! il s'est passé
que je devrais vous apporter la peau encore
toute vive de ce maudit calotin, et que.... du
reste, écoutez, voici ce qui est arrivé :— il y
avait environ une heure que j'attendais au
lieu indiqué, lorsque je vis apparaître mon in-

dividu. Je courus à sa rencontre, mais il fut
entré avant que je pusse le joindre; alors, je me
dis bon! je le pincerai toujours à sa sortie, et
aussitôt j'appliquai l'oreille contre les volets
d'une fenêtre, pour écouter ce qui allait se
faire dans l'intérieur de la maison. La jeune
fille était occupée à chanter en s'accompagnant
d'une guitare. Quelle voix délicieuse! bon
Dieu.., comme j'enrageai de l'entendre inter-
rompre, par cet indigne abbé. En entrant, il
fit le tartuffe : — Pardon, Mademoiselle, si je
viens si tard, s'empressa-t-il de dire, je n'aurais pas osé, si ce n'eût été un devoir sacré
qui m'y eût forcé.

— Je vous remercie M. l'abbé, répondit la
jeune fille. Mais quel devoir ?...

— Oui, un devoir sacré, mon enfant, par les
recommandations de votre oncle et par le propre intérêt que je vous porte, je me suis im-
posé déjà depuis longtemps l'obligation de
surveiller votre jeunesse si exposée dans le
temps où nous sommes... Je veux, si je le puis,
remplacer ici-bas votre mère, qui des cieux
veille sur vous, et vous préserver des écueils
de ce monde.

Ayant donc vu ce soir près de vous un certain jeune seigneur, M. le baron de la Tolade,
auquel je connais des mœurs fort suspectes, des
craintes me sont venues pour vous, et j'ai dû
m'empresser de venir vous faire mettre en garde
contre les séductions de cet homme libertin.—
Que le Seigneur m'en fasse grâce, j'espère que
mes conseils vous viennent assez tôt.

— Oh! M. l'abbé, vous ne devez sûrement
pas douter que vos conseils ne me viennent
assez tôt, c'est pour la première fois que j'ai vu

ce Monsieur, et il ne m'a dit aucune mauvaise parole.

—Bien heureusement, mon enfant, car il me serait impossible de vous faire assez comprendre combien votre malheur serait grand et irrémédiable, si vous tombiez dans les embûches de ce débauché; les hommes comme lui n'ont plus de cœur, plus de conscience; tous les sentimens de sensibilité, de générosité et d'attachement sont éteints chez eux. A vous, jeunes filles, ils vous expriment leurs aveux, leurs promesses et leurs sermens, comme un acteur froid et insouciant débite machinalement son rôle; ils ne songent même pas à ce qu'ils vous disent, et lorsqu'ils vous ont séduites, vous douces et confiantes, lorsque vous les aimez de toute votre force et que vous êtes au comble de la joie et du bonheur, en croyant être payées de retour, ils ne vous aiment pas, ils vous méprisent même. Bientôt alors vient la désillusion; l'abandon de leur part, puis pour vous le désespoir, la honte et les regrets amers qui vous suivent jusqu'à la tombe, et pendant que vous gémissez et que vous souffrez horriblement des maux qu'ils vous ont causés, eux s'énivrent encore de joie et de plaisir, en fêtant de nouvelles amours; ils vous rencontreraient expirantes sur le pavé, sans même vous donner un regard de pitié. Vous voyez, mon enfant, combien vous devez craindre un pareil malheur.

Je suis loin d'être un moraliste effréné et de vouloir vous inspirer l'amour du deuil et de la tombe; je sais qu'il vient un moment où l'affection d'un père, d'une mère ne suffit plus à votre cœur; il veut un sentiment plus vif, plus entraînant ; il vient un moment où vous vous sentez comme isolées au milieu des vôtres. Votre âme cherche la sœur que Dieu doit lui envoyer sur terre, votre faiblesse sent le besoin de se faire un soutien et puis enfin la nature parle chez vous. Vous avez besoin d'aimer et d'être aimées, d'être épouses, d'être mères. Oh ! oui, je suis loin de vouloir combattre ces sentiments que Dieu lui-même a placés dans vos cœurs ! C'est donc pour vous en assurer, d'heureux fruits que je veux, s'il m'est possible, vous empêcher d'être trompée. Il ne faut pas que vous dépensiez tous les précieux trésors d'amour de votre jeune cœur pour une affection fausse et passagère.

Or mon enfant, vous devez donc faire tous vos efforts pour bien placer votre attachement ; sondez les cœurs et surtout mesurez les sacrifices que l'on fait pour obtenir votre amour, afin de bien vous assurer si l'on vous aime véritablement. Car je vous le dis, le bonheur de la vie consiste dans l'union d'amour de deux êtres que Dieu a créés l'un pour l'autre ; hors de cette union prédestinée il n'y a que tourments et chagrins. C'est une loi divine qui s'étend sur toute la nature depuis la plus minime créature jusqu'au plus puissant des hommes. Il n'y a que nous autres ecclésiastiques qui ne sommes pas soumis à cette loi générale. Dieu nous a élevés jusqu'à lui et nous a entièrement détachés de ce monde et cependant encore, ma chère Madeleine, je puis vous l'avouer, parmi les prêtres il s'en trouve par fois qui ne sont pas serviteurs de Dieu par vocation ; ils ont été dirigés dans une voix fausse, et lorsque dans le monde ils rencontrent la femme,

qui aurait dû être leur compagne, quoiqu'en-
sevelis sous les noirs replis de leur soutane,
leur cœur est aussi vivement ému que chez un
homme libre; alors, les malheureux veulent
résister à leurs sentiments et rester fidèles aux
lois auxquelles ils sont soumis, mais presque
toujours la nature l'emporte sur leurs devoirs,
et ils n'en sont pas coupables, car ne serait-
il pas au moins juste qu'un innocent con-
damné au cachot noir donnât ses regards à la
lumière, si à l'insu du geolier il en pénétrait
quelques rayons dans sa retraite sombre. Il
est certain que Dieu doit bénir les unions
secrètes que contractent ces hommes fatale-
ment voués au célibat. Si la mauvaise direction de leur jeunesse les a fait déroger à leur
destin, les hommes ne peuvent pas les délivrer des liens sacrés qu'ils ont contractés quoi
qu'ils soient tout incompatibles à leur nature,
mais au moins Dieu ne peut que les soutenir
lorsqu'ils reviennent dans le vrai chemin que
lui même leur a tracé sur terre.

Oui, ma chère Madeleine, un prêtre peut
aimer une femme pour laquelle il se sent un
amour irrésistible. Lorsque la nature commande impérieusement, les hommes et toutes
les obligations du monde ne peuvent rien
faire contre. Ah! j'ai longtemps réfléchi sur
ce sujet, car j'avais bien besoin de l'appro-
fondir pour moi-même. Mais votre père repose
dans la chambre voisine, je pourrais troubler
son sommeil, je vais parler plus bas..... »

Ici, maître, je n'entendis plus qu'indistinc-
tement les paroles de l'abbé, il discourut encore fort longtemps, par fois il paraissait
vivement s'animer, la jeune fille poussait par

instant des exclamations de surprise et d'effroi.
Je devinai qu'après son beau sermon, il en
était venu a faire une pressante déclaration
d'amour; je brûlais d'enfoncer les volets et d'entrer pour l'exterminer, mais pourtant j'attendais toujours le dénouement, j'espérais que la
jeune fille ne céderait pas. Enfin, environ
après deux heures, le séducteur parut redou-
bler d'audace, il me sembla l'entendre tomber
à genoux devant Madeleine; la jeune fille le
repoussa; alors emporté par sa passion effrénée, il voulut sans doute avoir de force ce
qu'il n'avait pu obtenir par la ruse de ses ma-
lignes insinuations, je l'entendis se jeter vio-
lemment sur Madeleine, quelques chaises
tombèrent avec fracas, la jeune fille jeta des
cris perçants; là je dus agir, je donnai un
vigoureux coup de poing sur les volets, toute
la maison en retentit, l'abbé en lâcha sa victime, le père de Madeleine s'en réveilla et
accourut aussitôt près de sa fille. Je comptais
qu'il allait se trouver face à face avec l'abbé,
et qu'il s'élèverait entre eux une vive alter-
cation, et je me tenais prêt à secourir le père
s'il le fallait, mais je fus très étonné de l'entendre demander ce qu'il y avait, comme un
homme qui n'aperçoit rien de suspect. C'est
que le séducteur était déjà évadé, il avait
adroitement passé par une sortie de derrière.
Bientôt j'entendis ses pas résonner sur le pavé,
et je le vis se sauver à cinquante mètres devant
moi. Je me mis à sa poursuite; si nous eussions
couru en ligne droite, je l'eusse probablement atteint, mais me trompant par des dé-
tours, il m'échappa. Il a été bien heureux
d'en être ainsi quitte pour la peur, je vous

le jure, maître, car, si j'eusse pu le joindre, il me l'eut payé cher, le sang m'en brûle encore dans les veines.

Je le hais par vous et par moi personnellement, car dans sa manière de parler pour subtiliser la jeune fille, il y avait quelque chose de faux et d'horrible qui m'a porté au cœur.

— C'est bien, je te remercie Carré, il est en effet fâcheux, que l'infâme te soit si malheureusement échappé, mais enfin, je suis au comble de la joie de savoir qu'il n'avait pas encore souillé Madeleine et qu'il se soit ainsi par son audace mis pour toujours en horreur auprès d'elle. Va prendre un verre de rhum pour te remettre, et toi Georges songe à tes aventures, tu me les raconteras à la première occasion ; je désire surtout connaître celle que tu m'as commencée et tâche qu'il t'en arrive encore de nouvelles. — Retirez-vous, je réfléchirai à ce qu'il vous reste à faire.

Cette soirée avait cependant été loin d'être tout à l'avantage du baron. Si par son imprudente audace l'abbé s'était perdu sans retour près de Madelaine, ce qu'il avait dit contre son noble rival avait dû malgré tout produire un grand effet sur la jeune fille. Le baron s'en aperçut bientôt et après réflexion faite, il comprit qu'il devait agir très prudemment, s'il voulait avoir du succès dans son intrigue.

Pour approcher de Madeleine sans paraître suspect, il commença par faire travailler le père, et tout en allant dans l'atelier pour surveiller ses commandes, il avait l'occasion de rencontrer la jeune fille. Pendant au moins

quinze jours, il la vit ainsi sans presque lui
causer, il la saluait convenablement, lui disait quelques mots et c'était tout. Il comptait
en agissant ainsi faire disparaître la mauvaise
opinion qu'elle avait de lui. En effet, ce
procédé lui réussit parfaitement. Il se montra
si plein de dignité, si délicat, que Madeleine
fut bientôt convaincue que le baron n'était pas
tel que l'abbé le lui avait dépeint. Cependant le baron n'osait toujours pas devenir
plus entreprenant, il continuait à voir la
jeune fille, la contemplait avec le plus vif
plaisir, par fois même, il se cachait, pour
l'épier, pour la considérer dans ses moments
d'abandon, et de plus en plus il la trouvait
belle et en devenait épris; mais il ne lui faisait aucun aveu. Un jour enfin l'ayant trouvée
seule qui arrosait des fleurs sur le devant de
sa fenêtre, il s'approcha d'elle et après lui
avoir fait des compliments sur son parterre,
il lui dit : « Que ceux qui peuvent vivre près
de vous sont heureux! à tout instant, vous
leur donnez les joies les plus pures. Votre
douceur angélique leur inspire les sentiments
les plus doux. Oh! Voyez belle enfant, je
voudrais être votre frère ou votre père, je
passerais ma vie à vous aimer de l'amour le
plus saint. J'éprouverais tous les plus rifs
plaisirs seulement à vous regarder agir toute
la journée; mais à peine si j'ose vous parler,
on vous a dit que mon cœur était plein du
méchant esprit. On vous a trompée, si je vous
aimais ce serait comme une sœur et non au-
trement?

Madeleine ne répondit pas à ces paroles,
seulement, elle rougit, et bientôt elle adressa

plusieurs questions au baron, ce qui ne lui
était pas encore arrivé ; elle sembla ainsi
chercher à lui faire entrevoir qu'il ne lui
inspirait aucune défiance. Abel le comprit, il
multiplia ses visites; la jeune fille se montra
de plus en plus confiante, et bientôt le baron
devint l'ami inséparable de Madeleine, de son
père et même de Gabriel. Il passait tous ses
jours chez la jeune fille à rire et à jouer avec
elle ; il aurait sans doute eu bien souvent
l'occasion d'abuser de la confiance de la naïve
enfant, si par une anomalie extraordinaire,
ses sentiments n'eussent pas été tout-à-coup
changés. Le baron avait un de ces caractères
qui, lorsqu'on les dépeint, paraissent invrai-
semblables ou pour le moins très rares et qui
pourtant sont en assez grand nombre dans
notre société, il était profondément libertin ;
cependant l'ingénuité et la douceur de Madeleine arrêtèrent sa passion, il était vindicatif et
d'une jalousie effrénée pour un rival et cependant il fut touché d'intérêt pour l'amour pur
de Gabriel. Il devint donc pour les jeunes
fiancés non un corrupteur, non un ennemi de
leur bonheur, mais plutôt un protecteur et un
ami généreux et dévoué. Il fit d'autant plus
violence à ses mauvais sentiments qu'il voulut
faire mentir les fameuses sermonades que
l'abbé avait faites à la jeune fille. Lorsqu'il
était avec Madeleine et Gabriel, son bonheur
était de les considérer dans leurs innocentes
causeries; pour ne pas les gêner, il s'isolait,
se plaçait dans un coin et tout en faisant semblant de s'occuper de lecture, il les contemplait furtivement. Presque chaque jour en
rentrant chez lui, il entretenait son secré-

taire des douces joies qu'il puisait près des jeunes fiancés.

— Vois-tu, mon cher Georges, lui disait-il,
je ne puis pas t'exprimer combien cet amour,
si pur et si candide me produit un bienfaisant
effet. Devant ces deux enfants qui s'aiment
avec des sentiments aussi profonds qu'inno-
cents, je m'enivre du plus doux charme, et je
sens mon cœur s'épurer de ses mauvaises
passions. Oh ! Georges que j'ai mal commencé,
malheur pour toujours, malheur à celui qui
use sa jeunesse dans la débauche. J'en suis un
triste exemple n'est-ce pas ? On épuise sa
fortune et sa santé dans le désordre, puis
après, on est délaissé et méprisé jusque par
les prostituées qu'on a gorgées de son or ;
quelquefois par le crime on peut recouvrer
des biens, mais toujours on a perdu pour
jamais la douce béatitude de la terre que don-
nent une sainte compagne, et des enfants que
l'on aime plus que soi-même. Oh ! Georges,
je m'éveille trop tard, toutes ces joies si
vives et si pures sont perdues pour moi ; mon
cœur est mort pour toutes ces douces sensations, mais au moins je ne troublerai plus
le bonheur des autres. J'allais brutalement
séduire cette jeune fille, hé bien, son innocence m'a corrigé, maintenant loin de la cor-
rompre, je la soutiendrai de toute ma force
contre le vice, elle épousera son fiancé, je
leur ferai une petite dote et je les protégerai ;
leur prospérité et leur belle union fera mon
bonheur. J'irai m'asseoir à leur foyer — je
jouerai avec leurs enfants, et dans leur charmant intérieur, je puiserai le calme et la joie ;
n'est-ce pas Georges, que je ferai bien d'agir
ainsi ?...

Mais pendant que le baron revenait aux
bons sentiments et faisait de si généreux projets, l'abbé était moins pacifique. Naturelle-
ment d'un caractère tenace et entreprenant,
il se montrait encore plus opiniâtre en cette
occasion, parce qu'il se trouvait en rivalité
avec Abel pour lequel il avait une haine im-
placable; son seul désir était seulement d'a-
voir Madeleine le premier, peu lui importait
que le baron l'eût ensuite; il cherchait donc
le moyen de pouvoir l'attirer dans un piège
inévitable; comme il s'était entièrement perdu
près d'elle, il ne pouvait l'avoir que par surprise; pendant longtemps il ne sut comment
s'y prendre, enfin il lui vint une idée qui lui
parut favorable. Ayant à sa disposition Mme
Poisson que le baron n'utilisait plus, il la fit
appeler pour la charger de l'exécution de son
projet : — « Ecoute ma chère, lui dit-il, tu vas
de suite choisir trois ou quatre des plus jeunes
et des moins fanées de tes grisettes et tu leur
ordonneras d'aller, dès aujourd'hui, se promener souvent près de la maison de Madeleine,
jusqu'à ce qu'elles aient fait connaissance avec
elle; tu leur feras la leçon pour qu'elles se
montrent pleines d'innocence et d'ingénuité,
elles se diront filles d'honnêtes artisans, et
étant ainsi enjouées et pudiquement enfantines avec Madeleine, elles ne manqueront sans
doute pas de bientôt se lier d'amitié avec
elle; et avec des précautions, elle pourront
facilement la faire consentir à aller passer une
soirée chez une d'elles, pour jouer, chanter
et enfin s'amuser suivant les goûts de Madeleine. Alors tu comprends, pendant cette réunion, par des combinaisons que nous établirons

très-exactement d'avance, il sera fort aisé de
la faire entrer dans un cabinet où je serai
caché et où rien ne pourra enfin m'empêcher
de l'avoir à discrétion.

Pour dernière et meilleure recommanda-
tion, l'abbé mit une pièce d'or dans la main
de Madame Poisson, et il fut sûr qu'il serait bien servi. En effet, quelques heures
après, des jeunes filles commencèrent à ex-
plorer les voisinages de Madeleine, et le lendemain, l'une d'elles avait déjà adroitement
fait sa connaissance, la première en amena
deux autres, et bientôt Madeleine se trouva
ainsi pour amies trois affidées de la dangereuse
dame Poisson. — Bien loin de juger ce qu'elles
étaient, notre naïve enfant les aima aussitôt de
tout son cœur; elle les prit d'autant plus
avec confiance en affection, que l'une avait fait
sa première communion avec elle, et puis les
intrigantes jouaient si bien leur rôle qu'elles
auraient vraiment pu en imposer aux connais-
seurs les plus habiles. Souvent les lèvres pures
de Madeleine essuyaient sur leurs bouches la
souillure de la débauche; car elles sortaient
presque toujours des désordres de la prostitution lorsqu'elles venaient lui offrir le baiser
du matin, mais qui aurait pu reconnaître en
elles les baccantes du vice : à les voir près de
Madeleine, si gentilles, si enfantines et puis
surtout si jeunes, l'aînée n'avait peut-être pas
dix-sept ans. Le baron lui-même y fut trompé, il les prit pour des jeunes filles sages et
ne conçut aucune défiance de les voir venir
chez sa protégée.

Il y avait déjà plusieurs semaines que les
trois grisettes visitaient ainsi Madeleine, lors-

que l'abbé, impatient d'arriver au dénoûment,
leur fit ordonner par Mme Poisson, de tenter
le coup décisif. — Ce jour là, elles arrivèrent,
toutes rieuses, chez la jeune fille.

— Qu'avez-vous donc pour être si joyeuses,
leur dit Madeleine?

— Ah! ma chère, répondit celle qui menait
l'intrigue, c'est que papa va demain en campagne et j'ai tant prié maman qu'elle m'a promis qu'en son absence elle me laisserait donner
une petite soirée à laquelle j'inviterai toutes
mes camarades. Tu y viendras, n'est-ce pas
toi, ma bonne Madeleine? nous nous amuse-
rons bien, nous chanterons, nous danserons,
puis nous jouerons aux petits jeux. Oh! je
meurs de joie, rien que d'y penser.

— Oui, je veux bien y aller; mais il faudra
le demander à mon père, et puis, Gabriel
pourra-t-il y venir?

— Oui, ma chère, certainement, nous le
demanderons toutes ensemble à ton père, et
il ne le refusera pas; quant à ton fiancé, il
est impossible qu'il y vienne, nous ne recevons
aucun jeunes gens, ma mère ne le permettrait
pas, de peur de la critique; mais pour un soir
tu ne souffriras pas beaucoup de ne pas le voir,
tu n'y penseras seulement pas, tu apporteras
ta guitare, maman sera si contente de t'entendre chanter; je lui ai dit que tu savais tant de
jolies romances.

Les causeries s'étendirent beaucoup, puis on
alla demander la permission au père, qui,
après quelques difficultés l'accorda, et l'on se
sépara en se disant joyeusement adieu jusqu'au
lendemain soir, à l'heure de la réunion.

Il y avait en ce moment à Nancy, dans la

4

Ville-Vieille, aux environs de la rue du Maure-qui-trompe, une maison qui, de jour, paraissait complètement inhabitée, les volets des fenêtres en étaient toujours fermés, les portes closes et les cheminées ne rendaient jamais de fumée ; cependant, si on eût bien surveillé, souvent pendant les nuits, on y aurait vu entrer beaucoup de personnes, on y aurait vu briller de la lumière et on y aurait même entendu de joyeux accords de musique ; mais les gens de ce quartier, d'ailleurs fort peu scrupuleux, ne s'occupaient nullement de ce qu'il en pouvait être. Pour moi, je sais que, cette maison appartenait à une société qui s'y réunissait pour y fêter, le vin, les jeux et l'amour. Cette société, assez nombreuse, était composée des plus opulens sybarites Nancéens ; la noblesse y était sans doute en majorité ; mais il y avait aussi de hauts dignitaires et des prélats. — Pourquoi pas ?... il y a bien des préfets qui ont des portes secrètes dans leurs alcôves, et j'ai souvent ouï dire que beaucoup de papes vivaient comme des sultans. — Pour y être admis, il fallait s'engager corps et âme à la discrétion, c'est-à-dire que les uns donnaient pour garantie la valeur d'une partie de leur fortune, les autres livraient leur avenir ou leur honneur. Toutes les pièces étaient déposées dans un lieu sûr, et celui qui aurait trahi ses sermens se serait exposé à payer la dette immense qu'il avait contractée. C'était un véritable temple de Cythère ; chacun y amenait des femmes, de riches provisions y étaient toujours en abondance, on y menait la vie la plus joyeuse que l'on pût s'imaginer, tout y était sagement disposé pour les raffinements du plaisir. Que de

jeunes filles y ont fané la fleur de leur jeunesse!
Que de jolies dames ont passé par la croisée
de leur chambre à coucher pour s'y rendre.
Aussi, que de maris doivent leurs héritiers à
ces philantropiques orgies. — Mais ne nous
éloignons pas trop; ce qu'il nous importe de
savoir ici, c'est que l'abbé Gosselin était de
cette société et que c'était dans un des appar-
temens du mystérieux établissement, que les
grisettes de Mme Poisson devaient lui amener
Madeleine.

Or, il était environ huit heures du soir,
lorsqu'il sortit pour aller au rendez-vous; son
logis était du côté de la cathédrale, il avait
une assez longue course à faire pendant laquelle il aurait pu craindre d'être remarqué
et suivi, mais il faisait déjà un peu sombre
et puis il avait un costume qui le déguisait
parfaitement : en habit bourgeois fashionnable,
il avait mis une perruque sans tonsure et s'était
assez bien arrangé une barbe à la mode.
Cependant, évitant la rue populeuse des Dominicains, il prit celle de la Constitution,
traversa la place Royale, passa précipitamment
sur le trottoir Stanislas, et enfin arriva bientôt
dans la grande rue Ville-Vieille. Là, se sentant sur son terrain, il s'arrêta pour regarder
derrière lui? — Personne ne le suivait. Oh!
comme alors il commença à éprouver de douces émotions. Dans un instant la jeune fille
allait être à lui, il allait enfin triompher et
couronner de succès ses longues prémédita-
tions. Oh! la joie le transportait, il volait plutôt
qu'il ne marchait vers son but. Cependant en
arrivant près de la porte de la maison où il
devait entrer, il aperçut tout à-coup quelqu'un

qui venait à lui, il se rangea un peu de côté, l'inconnu parut hésiter aussi, mais bientôt ils se reconnurent ; c'était Mme Poisson.

— Eh bien, lui dit l'abbé, est-elle arrivée ?

— Non, pas encore, mais je vais presser pour qu'elle ne tarde pas.

— Va donc vite, et d'abord as-tu bien tout disposé comme il faut ?

— Tout est parfaitement dressé.

— Bien ma chère ; alors en arrivant, tu la feras d'abord entrer dans le petit salon, puis, bientôt tu trouveras adroitement moyen de l'amener dans mon cabinet. Oh, du reste il n'y a pas besoin de tant de précautions, ne serons-nous pas cinq contre elle. — Allons, va donc vite presser pour qu'elle arrive. Jolie petite Madeleine, je vais donc l'avoir. Ah ! le fameux baron de la Tolade qui se conduit en eunuque près d'elle, doit faire de mauvais rêves en ce moment ? Bientôt son ange sera déchu.

L'abbé entra dans la maison et Mme Poisson courut au-devant de Madeleine. — A peine furent-ils disparus qu'un homme sortit de derrière l'angle de la maison voisine en se disant : Ah morbleu ! je me suis trouvé à passer ici fort à propos ; il paraît que la ruse était bien ourdie, cette pauvre petite Madeleine allait sûrement succomber dans ce guet-à-pens, mais je suis maître du secret et nous allons voir.

— Je me serais bien prononcé sur-le-champ si le séducteur n'avait pas eu une tournure si imposante ; j'aime mieux n'avoir à faire qu'aux femmes. Je manquerai mon rendez-vous que j'avais à quelques pas d'ici, mais c'est égal, il faut que je me montre en héros désintéressé.

Avant tout, je dois servir mon maitre. — Le cœur commence à me battre, il me semble que j'entends venir quelqu'un. — En attendant, je vais me blottir dans l'embrasure de la porte et entrera qui pourra.

Un instant après, les jeunes filles arrivèrent : Mme Poisson les précédait de quelques pas. En se présentant pour ouvrir la porte, elle aperçut l'homme qui se blotissait contre ; le prenant pour l'abbé, elle lui dit : Voici Madeleine.

— C'est bien, répondit l'inconnu, où est-elle ?

— Ah ! mon Dieu, c'est M. Georges, s'écria Mme Poisson.

— Oui, c'est moi qui ai tout entendu et qui sais tout ; — je devrais t'escarper sur-le-champ, tiens voici un coup de pied pour à-compte, et Carré saura bien te trouver pour te casser les reins, vieux tison d'enfer, ta hideuse carcasse, sera bientôt j'espère, la pâture des poissons de la Meurthe. — Et aussitôt, il se précipita au milieu des jeunes filles qui s'étaient arrêtées tout interdites, et prenant Madeleine, il l'emmena vivement chez elle.

Après l'avoir conduite jusque dans sa chambre, et lui avoir fait comprendre combien elle était heureuse d'avoir pu échapper à cet imminent péril, il s'empressa de courir vers son maître pour lui faire part de l'aventure. Le baron fut si content de la bonne fin qu'avait eue cette affaire, qu'il fit boire le Champagne à son secrétaire.

Après avoir épuisé toutes les causeries au sujet de ce qui venait d'arriver :

Il faut avouer dit Georges, que je suis un
véritable Asmodée; on dirait vraiment que
Belzébut m'aide à découvrir ces mystères. —
Tenez maître, encore hier, le hasard m'a été
éxtrêmement favorable. Sans le chercher, j'ai
eu l'occasion de connaître un ménage que vous
m'aviez particulièrement recommandé. — Environ vers onze heures du soir, passant dans
une petite rue de la Ville-Vieille; je marchais
le long d'un jardin, lorsque tout-à-coup, un
homme sauta par dessus le mur; j'en fus
effrayé, car je pensais à toute autre chose, et
l'individu avait failli me tomber sur la tête;
il paraît qu'il fut lui-même épouvanté de me
voir, car il prit la fuite très prestement. Je
restais immobile, cherchant à m'expliquer ce
que pouvait signifier cet événement, lorsque
j'entendis rire et causer à quelques pas de moi,
et bientôt deux messieurs, que je reconnus
aussitôt, m'abordèrent en me disant : comment
trouvez-vous l'expédient ?
— Je n'y comprends rien.
— Vous ne savez donc pas l'histoire ?
— Non !
Alors l'un d'eux s'approcha tout près de moi
et me prenant au collet de mon babit, me dit
en me montrant la maison près de laquelle
nous étions : hé bien ceci est l'habitation de M.
Trinquois. Vous le connaissez sans doute ?
C'est un brave homme, mais un peu sot. Lui
sachant l'esprit faible, des bigots ont fini de le
rendre imbécile pour mieux lui subtiliser sa
femme qui est jeune et fort jolie. Parmi les
cinq ou six qui vont le plus assidûment lui
réciter des contes bleus, il y en a enfin un
qui est parvenu à parfaitement endoctriner

Madame; alors pour se voir à leur aise, les
amants ont songé à se donner rendez-vous
dans cette loge que vous apercevez ici dans
le jardin. Mais comme M. Trinquois y
allait fort souvent, il fallait l'en éloigner,
et puis aussi donner à Mme Trinquois un
motif de s'y rendre; la chose leur fut facile.
Hier soir Mme Trinquois appelle tout-à-coup
son mari près de la croisée de son salon qui
donne dans le jardin, et lui montre du doigt
trois petites lumières qui brillaient dans la
loge. — Grand Dieu ! qu'est-ce donc ? un
revenant sans doute s'écrie M. Trinquois.

— Oh ! oui sûrement répond la dame, mais
tu sais mon ami que je ne suis point peureuse,
je veux exactement connaître ce que c'est.
j'y cours : je vais faire venir près de toi
Nannette la vieille cuisinière pour te tenir
compagnie; ne sois pas inquiet, tu sais que j'ai
du courage pour ces sortes de choses. Elle alla
à la loge où l'attendait son compère; ils étei-
gnirent aussitôt les lumières et passèrent
quelques heureux instants ensemble pendant
que M. Trinquois tremblait d'effroi au coin de
son foyer avec la vieille Nanette. A son retour
Mme Trinquois dit que tout avait disparu
dès qu'elle était entrée dans la loge et
qu'ayant attendu, elle n'avait rien vu revenir.

Les trois petites lumières reparaissent souvent
et pendant que son vieux fou de mari tremble
d'effroi Mme Trinquois s'en donne toujours avec
son cher revenant, que c'en est une bénédiction.

Ainsi baron voici ce qu'est l'estimable
couple Trinquois. Ces messieurs que je rencontrai, connaissant vaguement l'intrigue,
étaient allés se poster près du jardin pour se

convaincre du fait ; moi, comme je vous l'ai
dit, ce n'est que par pur hasard que j'ai failli
recevoir sur la tête l'heureux fripon qui
s'enfuyait après avoir à son gré, joui de sa
bonne fortune.

— J'avais bien en effet remarqué que M.
Trinquois était fortement tartuffié, mais sa
dame m'avait trompé ; je la prenais pour une
femme honnête.

— Eh ! mon Dieu ! maître, plus je connais
de gens ici, plus j'éprouve de semblables dé-
sillusions. En vérité, toute cette pudeur et
cette bienséance qu'on affecte n'est généralement qu'une couleur superficielle et fausse qui
ne brille qu'au dehors. — Vous voyez devant
le monde une dame réservée, timide, ingénue,
enfin susceptible jusqu'à rougir, à pâlir, même
à s'évanouir en entendant le moindre mot ha-
sardé. Hé bien ! si vous lui semblez seulement
quelque peu discret, présentez-vous chez elle
en l'absence de son mari ; en vous voyant
entrer, elle accourra au devant de vous, vous
arrêtera au nom de la bienséance. — Oh !
Monsieur, je vous en supplie, retirez-vous
de grâce, mon époux est sorti, je suis entièrement seule et je ne puis vous recevoir.
Oh j'en suis effrayée ! — Vous prenez doucement ses mains qu'elle tend pour vous repousser, vous lui affirmez que vos intentions sont
absolument innocentes : elle ne vous écoute
pas, elle s'évanouit dans vos bras. Alors vous
la déposez sur sa dormeuse et vous cherchez
à la secourir. Tout à dessein, elle méconnaît
encore vos intentions, et, si dans sa manière
de feindre l'évanouissement, elle peut se permettre de prononcer quelques mots, ce sera

pour vous accuser de violence. — Voilà comme
les hommes sont traîtres, vous dira-t-elle. Oh!
laissez-moi! laissez-moi, je vous en supplie!
— vous vous retirez; mais elle, comme par éga-
rement, vous retient et vous attire, même ardemment; alors si vous avez un peu de sens,
vous finissez par comprendre la comédie de la
prude, et vous comblez ses désirs par un bonheur
que vous ne recherchiez point. Enfin, pourvu
que vous ayez l'air de croire qu'elle est votre victime, et que vous l'assuriez de votre discrétion,
cette femme qui se donne une apparence de
vertu, est toujours enchantée de commettre le
fait. — Et du reste, baron, je vous dis là des
choses que vous savez mieux que moi.

Ce que je vous conte ici, n'est qu'un récit
des aventures qui vous arrivent journellement;
mais ce que vous n'avez peut-être pas remarqué, c'est que cette pruderie est le pur jésuitisme appliqué aux femmes, et chose étonnante,
c'est qu'étant jeunes, elles se couvrent des faus-
ses apparences de la doctrine de Loyola, pour
tromper, pour se livrer aux vices et qu'ensuite
étant vieilles, elles deviennent elles-mêmes
les dupes des Tartuffes et des Jésuites. Lorsqu'elles sont jeunes pour obtenir leurs faveurs,
on leur dit : que ce n'est pas pécher que
pécher en silence. Lorsqu'elles sont vieillies,
pour avoir leurs biens, on les menace au contraire des colères du ciel; et elles deviennent
aussi fanatiquement dévotes qu'elles ont été
ardentes aux plaisirs. Quand on y réfléchit sé-
rieusement, rien n'est pourtant plus exécrable
que le jésuitisme. — Ici, par sa profonde débauche, il ronge sourdement les liens sociaux
les plus sacrés, et là, par ses jongleries reli-

gieuses, il accapare les biens, frustre les héritiers des familles; partout et de toute manière
enfin, il porte le désordre. — Ceci est au sens
et à la vue de tout le monde, et cependant,
c'est une épidémie qui gagne tous les jours.—
Qui n'est pas chartreux, dominicain, moine,
cordelier ou frère ignorantin, s'enrôle dans
les compagnies de St-Vincent-de-Paule, de
St-François-Régis, et de foi et lumière. —
C'est à n'y plus tenir; c'est une coalition qui
menace de prendre la terre entière. On trouve
de si grands avantages à être membre d'une
de ces saintes sociétés. — Le plus indigne
élu, serait-il épicier, hante les plus hauts salons; — serait-il Robert-Macaire, est admis
à vivre à son gré, au milieu des plus jolies
dames; — serait-il le plus grand fripon, peut
avoir à sa disposition les trésors d'autrui. Plus
que partout ailleurs, pullulent dans cette ville
ces fourbes doctrinaires : — c'est qu'ils y trouvent beaucoup de moutons à tondre. — L'influence est si facile qu'il suffit d'aller faire os-
tensiblement un signe de croix devant une
chapelle pour s'attirer les dons et la confiance
sans borne des gens timorés qui servent de
jouets aux hypocrites instigateurs. — Dernièrement, lorsque j'allai faire votre commission,
près du curé de la cathédrale, je le trouvai à
confesser. Une foule de pénitentes attendaient
son office, — et une dame était à lui faire ses
aveux. Prévoyant de suite que je devrais rester
quelque temps pour pouvoir lui parler, il me
vint une idée que je résolus de mettre à exécution. J'allai m'agenouiller en tête de toutes
les confesseuses, et me mis aussitôt à prier avec
la plus vive ferveur. Alors, toutes les bigotes

de tourner leur regard vers moi et de me prendre pour le plus saint homme du monde. —
Lorsque je pus approcher le curé, j'entrai
humblement dans le confessionnal, et après y
être resté à peu près le temps qu'il faut pour
une confession, je me retirai, et avec un air
contrit, je vins encore me prosterner au milieu
des bigotes, et je me mis de nouveau à réciter
des prières. comme si j'avais été un véritable
repentant. Je faisais ainsi l'hypocrite pour es-
sayer si ma feinte dévotion ne m'attirerait pas
quelques curieuses aventures. — Cela ne manqua en effet pas d'arriver comme je le pensais.
En sortant, je fis de profondes courbettes devant tous les saints, et les chapelles que je rencontrai, et j'étais à prendre encore fort dignement de l'eau bénite, lorsque je fus abordé
par une vieille dame qui, touchée de ma conduite et de ma mine si chrétienne, venait sans
plus de préambule, m'offrir la direction de ses
affaires, me prier de moraliser son fils afin de
le déterminer à se mettre jésuite : et enfin, tout
d'abord, elle voulait me charger de porter à
leur destination plusieurs dons qu'elle desti-
nait à des pauvres ; si j'avais été un tartuffe-
spéculateur, j'aurais eu là beau jeu.—Combien
y en a-t-il qui s'enrichissent ainsi ! — En continuant mon rôle de dévôt, je fis semblant
d'accepter tout ce qu'elle me proposait ; mon
intention était seulement d'être l'entremetteur
de ses aumônes, car elles auraient pu tomber
en de mauvaises mains qui les auraient détour-
nées de leur destination. Entr'autres choses, elle
me donna trente francs pour les remettre à un
médecin, afin qu'il soignât une femme pauvre
qui venait d'accoucher. — Je portai cette som-

me chez le docteur, où je fis une rencontre
assez curieuse. — Il y avait à peine quelques
minutes que je causais avec lui dans son salon,
lorsque l'on frappa doucement à sa porte. —
Il ne dit pas d'entrer, et je vis sur son air que
je gênais et que je devais sortir. — Ce que je
fis de suite. En ouvrant la porte, quelle ne fut
pas ma surprise ? je vis se ranger dans un angle
de l'anti-chambre, une dame qui avait la figure couverte d'un masque noir; ce qui me
frappa le plus, c'est que le docteur n'en témoigna aucun étonnement. — Il paraît qu'il est
habitué d'en recevoir ainsi, même du plus
haut parage, qui viennent discrètement lui demander remède pour les désagréments que leur
imposent de malheureuses amours. — Je fus
content d'avoir eu par ce hasard, l'occasion
de connaître cette particularité. — Je ne m'en
tins pas là avec ma vieille bigotte. — Etant allé
me remettre à sa disposition; elle me présenta
à d'autres de ses pareilles, et bientôt je me trouvai l'homme d'affaire de toute une catégorie de
ces matrones. Je ne vous dirai pas toutes les
légères aventures qui m'arrivèrent en distri-
buant les aumônes qu'elles faisaient par ma
main. — Ces dignes dévotes feraient vraiment
beaucoup de bien, si le plus souvent elles n'é-
taient pas trompées par des fripons qui sub-
tilisent leur confiance. — Ce dont je me fais
gloire, c'est d'en avoir corrigé une qui avait
la manie d'oublier les pauvres pour donner à
des jésuites qui n'en avaient nullement besoin.
Cette dame m'avait déjà souvent chargé de
porter des cadeaux à divers prêtres, vicaires
ou dominicains, lorsqu'elle me pria d'acheter
un christ d'une haute valeur, pour un certain

missionnaire qui l'avait endoctrinée. — J'allai
chez l'orfèvre : le saint objet ne pouvait pas
se donner à moins de six cents francs. C'était
énorme, ma raison s'en révolta. Connaissant
quelque peu le mari de ma folle dévote; je
résolus de l'avertir des sottises de sa femme.
C'était un pauvre diable de fonctionnaire, aux
appointemens assez maigres. — Ah ! Monsieur,
me dit-il, vous me rendez là un bien grand
service de me révéler ainsi ces choses qui se
passaient à mon insu et qui n'auraient pas
manqué de me ruiner. Je ne suis pas riche;
j'ai quatre enfans; est-il possible que ma
femme soit tombée dans de telles aberrations
et oublie ainsi ses intérêts et d'épouse et de
mère, pour enrichir des hommes infâmes qui
ont moins besoin que nous.

Monsieur, lui répondis-je, ma pensée a en
effet été de vous obliger en venant vous faire
cet aveu. Mais en ce moment, il faut nous
occuper d'empêcher que votre femme ne fasse
cet énorme cadeau et même, qu'elle n'ait
plus jamais envie d'en faire, à l'avenir, d'aussi
déplacés, et pour cela, je vous prierai de me
laisser seul agir. — Feignez de ne rien savoir,
de ne vous douter de rien et je vous assure que
je saurai arriver à un résultat efficace : il me
promit qu'il ferait suivant ma volonté. — Ma
combinaison était déjà tout établie. Après
avoir cherché longtemps ce que je pourrais
faire, ayant appris que le St-Père souffrait
d'une violente colique, j'avais charitablement
résolu de lui envoyer un instrument nouvelle-
ment perfectionné qu'il pourrait lui-même
faire fonctionner pour soulager ses douleurs.
Au lieu donc de retourner chez l'orfèvre, je

me rendis dans un magasin de quincaillerie,
où j'achetai un fort beau clysopompe, que
j'empaquetai très précieusement et que j'adressai aussitôt à l'infortuné missionnaire qui s'attendait à recevoir le Christ de six cents francs.

— En même temps j'allai dire à la dame que
j'avais bien exactement fait sa commission ;
elle me crut sur parole, car elle avait une entière confiance en moi. — Impatiente de recevoir des complimens du jésuite qu'elle pensait
avoir si grandement flatté, elle ne tarda pas à
se présenter à son confessionnal.

— Eh bien, comment avez-vous trouvé le
Christ que je vous ai envoyé, mon très Saint-
Père ?...

— Oui, c'est bien à vous d'en parler, je ne
sais pas comment vous osez vous présenter
devant moi, vous devriez en avoir honte ;
je ne m'attendais pas à recevoir une pareille
mystification de votre part, lui répondit le
furieux missionnaire.

— Mais je ne vous comprends pas, répartit
la dévote aux abois ; ce Christ a dû vous
paraître assez bien, il m'a coûté six cents
francs.

— Vous vous moquez, madame, retirez-
vous je vous prie, vous êtes indigne de
m'approcher.

La dame n'y pouvait rien comprendre ; elle
sortait de l'église pour courir demander des
explications à l'orfèvre et à moi, lorsqu'elle
rencontra son mari qui l'attendait exprès.

— Hé bien, rentres-tu avec moi ? lui dit-il.

— Non ! je vais dans une maison où j'ai
affaire, répondit-elle d'un ton qui laissait
apercevoir sa fureur qu'elle ne pouvait conte-
nir.

— Où donc vas-tu ?

— Chez mon orfèvre :

— Est-ce que tu veux acheter quelque chose ?

— Non : C'est que.... c'est....

— Allons ma chère, ne mens pas, je sais ce que tu veux aller faire chez l'orfèvre, — je puis te donner les explications que tu vas lui demander. — Tu voulais donner un Christ à ton confesseur, et par mon ordre, on lui a envoyé autre chose ; cette aventure pourrait te ridiculiser dans la société ; mais, comme j'espère qu'à l'avenir tu ne penseras plus à faire des cadeaux à ces hommes qui ont moins besoin que nous, je te promets que personne ne le saura. — Allons, viens mon amie, et dès aujourd'hui, commence à ne t'occuper que de tes enfans et de moi. — Près de nous ; tu feras mieux ton salut qu'avec les jésuites.

La dame fut on ne peut plus confuse, et depuis, elle est devenue bonne épouse et bonne mère ; son mari m'en rend grâce chaque fois qu'il me rencontre.

Le baron était enchanté des récits de son secrétaire.

Tu as de l'esprit et un bon cœur lui dit-il ; bois un verre de ce mousseux et tu me raconteras l'aventure que tu avais commencée le soir où nous attendions Carré, que j'avais envoyé épier l'abbé ; tu dois t'en souvenir, c'était relatif au pari que tu avais fait avec ta maîtresse, au sujet de ce fameux prédicateur dont l'éloquence m'avait produit un si grand effet.

— Je me le rappelle parfaitement maître, répondit Georges après avoir bu son champagne. Je vous ai dit que mon aimable Coralie

m'avait parié un dîner qu'elle se ferait faire
une déclaration d'amour par le fameux prédicateur : hé bien, pour gagner la gageure, dès
le lendemain elle commença à poursuivre le
saint homme, en étalant à ses regards, les
grâces de sa suprême beauté. Prêchait-il, elle
était devant sa chaire; priait-il dans une chapelle, elle se trouvait à ses côtés; passait-il
dans la rue, elle s'offrait à sa rencontre. Pendant environ quinze jours, elle fit de semblables manœuvres; puis un dimanche pendant
la messe, elle se plaça tout près du St-Père et
lui adressa plus que jamais des regards fort
significatifs. Vous savez combien ses beaux
yeux ont de charmes; le saint homme ne tarda
pas à en ressentir le magnétique effet. Il ne
pouvait douter que cette jeune fille si jolie,
qui le suivait partout, ne se fut éprise d'une
ardente passion pour lui, et sans doute il
invoquait Dieu pour éteindre les sentiments
qu'il sentait naître malgré lui dans son cœur;
mais ce dimanche, Coralie était si près de lui,
elle lui montrait tant d'attraits, ses attaques
amoureuses étaient si vives, qu'il ne put s'empêcher de lui rendre quelques regards. — En
s'en apercevant, l'intrigante ricanait au fond
de son cœur. Si j'avais été près d'elle en ce
moment elle m'aurait sûrement dit : « Georges,
tu as perdu ton dîner mon cher. » Elle ne
manqua pas de profiter de tous les avantages
qu'elle venait de conquérir. — A peine l'office
fut-il terminé, qu'elle fit dire à notre prédicateur qu'il eût la bonté de vouloir bien la
confesser. — Peut-être lui-même désirait-il
une semblable occasion pour la voir. Aussi, ne
se fit-il pas attendre; il se rendit aussitôt au

confessionnal , — Coralie s'approcha d'abord
de lui comme pour une confession ordinaire,
puis bientôt elle se mit à lui faire une vive
peinture des passions de son cœur.

— Oh ! mon père , lui dit-elle , faites que le
seigneur, purifie mon âme, car il m'est impossible de résister par moi-même aux ten-
tations qui m'éloignent de la pureté que la
religion me prêche. Le seul regard d'un homme
me fait tressaillir de bonheur; quand je suis
près d'un amant que j'aime, j'oublie le ciel et
Dieu lui-même ; lorsqu'un homme m'a inspiré
des sentimens d'amour, je ne puis m'empêcher
de le suivre partout, j'éprouve les plus
enivrants plaisirs, seulement à le considérer.
Enfin mon père, il y a en moi un volcan
de volupté qui me consume. Oh ! je vous
en supplie, faites que Dieu purifie mon
âme.

Coralie prononça ces paroles avec des
accents si ardents que le St-Père en fut
vivement ému. Cependant il s'efforça de la
moraliser, et il finit par lui dire; qu'il ne
pouvait pas assez lui parler ainsi qu'il
faudrait qu'elle allât chez lui pour qu'il
pût mieux la ramener dans la voie du salut.
C'était positivement là que Coralie voulait
en venir. — Elle s'empressa donc bien de
lui promettre qu'elle irait le voir , et en
effet, dès le lendemain elle alla lui rendre
visite et successivement pendant six jours;
la première fois il la moralisa, la deuxième , il lui parla encore religieusement,
mais la troisième fois, il commença à perdre
le ton orthodoxe, puis il osa de plus en plus.
Enfin la sixième fois, il alla si près de la

5

déclaration nette, que Coralie me dit : Je
vois que c'est à la septième qu'il veut me
dire le fin mot. Comme je veux que tu
l'entendes pour que tu n'en aies point de
doute, au lieu d'aller chez lui, il viendra
chez moi; alors elle lui écrivit qu'elle était
malade en le priant de venir la voir. — Il
ne tarda pas à arriver. Pour le recevoir,
Coralie s'était mise au lit et s'était arrangée une
sorte de toilette de nuit fort décolletée; à
moitié renversée, comme par volupté; son joli
coude blanc et satiné appuyé sur son oreiller
et sa tête d'ange reposant dans sa petite main
si belle. Oh ! elle était vraiment enchanteresse
ainsi. — En entrant, le Saint-Père jeta un regard
scrutateur tout autour de la chambre, et il eut
l'air de se dire : mon affaire est bonne! Elle est
entièrement seule.

J'étais cependant caché dans la garde-robes
de Coralie.

Etant allé s'asseoir tout près de son chevet
pendant quelques instants, il resta presque
complètement muet, tellement son émotion
était profonde. Pour achever de le perdre,
comme il avait demandé à toucher la main de
Coralie, en la lui donnant, elle fit exprès de
rejeter sa couverture et de presque toute se
découvrir afin d'inspirer encore plus de ten-
tation. Bientôt alors le Saint-Père perdit tout-
à-fait la tête et oublia entièrement son Dieu,
pour se jeter à genoux devant l'admirable
créature.... et quel désenchantement terrible!..
Quand au plus pathétique de sa déclaration,
Coralie se mit à s'écrier : « eh ! j'ai gagné ma
gageure !!! M. le fameux prédicateur, on vous
dit beaucoup d'esprit et cependant j'en ai plus

encore, car il y a quinze jours que je me
moque de vous, sans que vous vous en
aperceviez. Georges! sors donc voir la mine
du Saint-Père pour te dédommager du fameux
dîner que tu me dois, et j'espère que tu ne
croiras plus rien de ses sermons.

Il est impossible de décrire la figure que fit
l'ecclésiastique; ce fut à la fois des éclairs
de fureur, de confusion et de crainte qu'il
lança en s'esquivant précipitamment.

III.

Les choses avaient repris leurs cours. —
L'abbé avait été furieux d'avoir échoué dans
son intrigue qu'il était si près de couronner
du plus heureux succès. — Il avait vraisembla-
blement perdu tout espoir d'avoir Madeleine ;
mais il lui restait le profond désir de se venger
tôt ou tard. — De son côté, le baron continuait à passer d'heureux jours près de Madeleine et de Gabriel. — Devenu tout-à-fait
sentimental, il trouvait toujours de nouveaux

charmes dans les innocentes relations des
deux jeunes fiancés; lorsqu'un jour il reçut
une lettre qui l'alarma profondément. Après
l'avoir lue plusieurs fois et rêvé sans doute
pour prendre une détermination, il appela
Carré. — Ecoute, lui dit-il, je viens de recevoir avis qu'on a vu Alix se diriger vers cette
ville. — Elle y est peut-être déjà; ainsi, tu
dois te mettre à sa recherche; si tu la rencon-
tres, tu me l'amèneras et je déciderai ce que
nous en ferons.

C'était par une soirée d'orage; le ciel était
sombre, la pluie tombait à flots. Environ vers
huit heures, une femme arrivait à Nancy par
la route de Strasbourg. Elle était dans un état
à faire pitié; ses vêtemens entièrement mouil-
lés, étaient battus contre son corps par un
vent qui soufflait avec violence. — Ses pieds
grouillaient dans des souliers troués, pleins
d'eau et de boue. Par instant, elle frissonnait
du froid qui la pénétrait intérieurement. Elle
marchait d'un pas rapide, sans pourtant paraître se soucier de tout le mal qui l'accablait.
Elle entra par la porte Saint-Nicolas, suivit la
rue St-Dizier. Arrivée sur la place du Marché,
se croyant sans doute au milieu de la ville,
elle s'arrêta comme pour réfléchir à ce qu'elle
devait faire. Personne ne circulait dans les
rues; il faisait un temps si horrible, que le
roullier le plus hardi n'aurait pas osé sortir.
On entendait par moments quelques portes se
fermer avec fracas, puis le cri strident des
girouettes et le bruissement de la pluie que le
vent fouettait sur les vitres et sur les toits.
Seule dehors au milieu de ce sinistre spectacle,
l'inconnue ne put s'empêcher de tressaillir d'ef-

froi ; tout son corps se glaça comme celui d'un
mort , son cœur cessa de battre pendant
quelques secondes. — Elle faillit trépasser ;
puis cela finit par des sanglots qui s'échap-
pèrent péniblement de sa poitrine délabrée et
par quelques pleurs qui coulèrent à peine,
comme si la source de ses yeux eut été épuisée.
Après s'être remise un peu de sa cruelle émotion, sans pourtant avoir trouvé de résolution
consolante, elle se reprit à marcher, mais
lentement et au hazard ; elle vaguait de rue
en rue, lorsqu'enfin ayant rencontré la cathédrale, elle se rangea sous le péristil du portail
pour s'abriter ; car l'eau tombait toujours à
grands flots. Pendant quelques instants, elle
resta sous le porche, debout appuyée contre la
muraille, puis succombant sous le poids de ses
fatigues, elle se laissa choir sur les dalles hu-
mides, reposa sa tête contre les pierres du
pilastre et il lui vint non pas un sommeil, mais
un assoupissement douloureux pendant lequel
son corps souffrit de ses meurtrissures et son
esprit se perdit dans l'horreur de sa position.

Pendant ce temps, un homme aussi errait
dans la ville, en dépit de l'orage et de la
pluie. Cet homme était le robuste Carré. Enveloppé dans un manteau imperméable à capu-
chon, il marchait lentement, s'arrêtant au
moindre bruit qu'il entendait et jetant des
regards profonds dans tous les recoins qu'il
rencontrait ; il suivait alors la rue Ste-Anne,
quand il fut au bout. il prit à sa gauche,
retourna à sa droite, longea entre les deux
rangées de maisons hautes et sombres de la
rue Montesquieu et bientôt il déboucha vers le
perron de la cathédrale où gisait l'inconnue.

En entendant résonner sur le parvis les pas
lourds du colosse Tristan ; plutôt par instinct
que par raison de ce qu'elle éprouvait, l'infortunée se serra tout près de la muraille
froide. Le léger bruit de son mouvement par-
vint aux oreilles exercées de Carré ; il s'arrêta
pour écouter et pourtant n'entendant plus rien,
il hésita un instant à aller visiter sous le portail ; puis croyant sans doute que le bruit qui
l'inquiétait n'avait été produit que par le vent,
il s'éloigna du côté de la rue Bailly. Il passa
ainsi infructueusement près de celle qu'il
cherchait ; car l'inconnue était Alix. —C'était
peut-être la première fois que son génie était
en défaut. — A peine était-il parti, que des
pas plus légers et plus précipités se firent entendre, et bientôt une femme apparut du
côté de la place Saint-Georges. C'était Mme
Poisson. — Elle portait une lanterne et rasait
les murailles, afin que l'avancement des toits
put la préserver de la pluie ; de sorte qu'en
passant sur le perron de la cathédrale, elle se
serrait si près contre le portail qu'elle heurta
la malheureuse qui y était accroupie et qui, se
sentant toucher, poussa quelques murmures
de douleur et de crainte. Mme Poisson était
tellement habituée aux aventures nocturnes,
que cette rencontre ne lui inspira pas même
une émotion de surprise. Elle baissa froidement
sa lanterne pour regarder ce qu'il y avait, et
voyant que c'était une femme, elle se mit à
la considérer attentivement pour juger si elle
devait lui offrir secours ; car pour elle, qui
n'était susceptible d'aucune pitié, il ne suffi-
sait pas que ce fut une créature humaine pour
qu'elle s'y intéressât. Il fallait avant tout

qu'elle fut assurée qu'en la prostituant elle pourrait en tirer le prix de ses peines et dès sacrifices qu'elle devrait faire pour la mettre en bon état. Ce fut donc par pure spéculation qu'après avoir vu que l'inconnue était une belle et jeune femme, elle prit la résolution de la soulager.

— Hé bien mamie, lui dit-elle, vous êtes trop mal ici; venez avec moi, je vous changerai de nippes et vous ferai coucher dans un bon lit chaud.

— Qui est là? s'écria Alix.

— C'est moi qui prends pitié de votre mauvais état. — Et en même temps Mme Poisson éleva sa lanterne pour que la lueur tombât sur elle afin que l'inconnue put mieux la voir. Alors Alix se souleva un peu et après avoir reconnu qui était devant elle, elle s'écria : oh! oui madame, pitié, s'il vous plait, pitié. Mme Poisson lui donna la main, pour l'aider à se lever et bientôt toutes deux s'éloignèrent. La Limande habitait la rue du Pont-Mouja; sa demeure était au rez-de-chaussée. Pour y entrer, il fallait d'abord suivre un long corridor sombre, au milieu duquel coulait un ruisseau infecte, puis on traversait une petite cour puante et l'on entrait dans un autre corridor, plus noir, plus sale encore, qui menait enfin à son logis. Elle avait deux chambres : l'une qu'elle habitait, quoiqu'au plafond surbaissé et mal éclairé était assez proprement meublée; car Mme Poisson se plaisait dans son intérieur; l'autre, où elle entassait toutes ses femmes était une véritable étable d'Augias, les murailles en étaient enfumées. Dans le fond étaient deux lits bas, maigres, sans ri-

deaux, presque toujours en désordre. — Une
longue table se carrait devant l'unique et trop
étroite croisée qu'il y avait. Puis, dans un
coin se dressait une grande couchette en forme
d'arche, dans laquelle fourmillaient toujours
cinq à six enfans qui se nichaient dans du
linge sale de toutes espèces, qui y était amon-
celé. A des clous plantés dans les murailles,
pendaient çà et là des vêtements de toutes
sortes; des chaises de grossière façon, la plupart désempaillées complétaient l'ameublement
de cette salle. Lorsque M.ᵐᵉ Poisson y arriva avec
Alix, quatre jeunes filles y brodaient à la
lueur d'une lampe. — Oh, hé, s'écria la Limande.; en voilà une qu'il faut ravigotter; et
les quatre jeunes filles s'empressèrent de
quitter leur travail pour aider à secourir l'infortunée; elles la déshabillèrent, lui donnèrent
une chemise blanche, car la sienne était aussi
mouillée que ses vêtemens extérieurs, puis
elles la firent coucher et la couvrirent de leur
mieux; mais, malgré tout, un fort tremble-
ment s'empara d'elle; alors une des jeunes
filles se coucha généreusement à ses côtés pour
la réchauffer. C'était un trait de bonté bien
remarquable. Celle qui se dévoua ainsi était
la plus petite et la plus jeune des quatre, elle
se nommait Rose. Nous devons faire connaissance avec elle, car maintenant elle figurera
jusqu'à la fin de cette histoire. Mais avant tout,
comme nous allons quelque peu entrer dans
l'intérieur de la vie des grisettes, il nous de-
vient indispensable d'en esquisser au moins
légèrement la physiologie.

Ce ne sera pas seulement d'un intérêt local
de parler des grisettes de Nancy. Ce sera d'un

intérêt européen ; car quel est le russe, l'au-
trichien, l'anglais, le germain ou le français
de la province la plus éloignée de la Lorraine
qui ait séjourné même un jour dans le chef-lieu
de la Meurthe sans avoir emporté un précieux
souvenir de ces jeunes filles à la fois si jolies,
si gentilles, si propres et si charmantes enfin.
Les grisettes des autres villes sont la plupart
sales, obscènes, gourmandes, dépensières,
paresseuses, brutales, blasées d'amour, sans
choix, sans attachement, se donnant à tous,
vieux ou jeunes, pour de l'argent ; ce sont des
filles de rues, de soldats de cabarets ; leurs
lèvres sont avinées et leurs jupes boueuses. Les
grisettes de Nancy les fuieraient d'horreur ; car
elles, si elles sont pauvres, elles savent par
leurs soins et leur propreté faire paraître le
luxe dans leur misère, et puis elles sont laborieuses, douces, délicates, généreuses,
aimantes, sobres. Il faut les entendre le soir
s'en allant deux à deux sur les trottoirs ; — hé
bien ma chère dit l'une, combien as-tu à mettre
pour notre souper, moi j'ai deux sous, — et moi
trois, répond l'autre ; — Oh bien, c'est bon,
nous achèterons pour trois sous de fromage de
gruyère que tu aimes tant et pour deux sous de
pain, et nous nous régalerons bien ; il faudra
nous dépêcher, car mon amant m'attend pour
huit heures. Sais-tu que je lui brode une jolie
paire de pantoufles que j'ai achetée sur mes
économies, je me réjouis de lui faire cette
surprise etc., — écoutez les causer ainsi et je
vous assure que vous vous écrierez dans le fond
de votre cœur : ce sont de charmantes filles !..
Et puis surtout ce qui est beau et extraordinaire chez elles, c'est qu'elles se livrent au

plaisir, pour l'amour du plaisir; n'allez pas
maladroitement leur présenter votre bourse,
pour obtenir leurs faveurs, elles se pique-
raient vivement et vous repousseraient vous et
votre argent; si vous avez les cheveux blanchis,
la voix cassée, le dos vouté par l'âge, ne vous
présentez pas non plus, car même au prix de
l'or, elles n'accordent que leur respect aux
vieux barbons. Je crois du reste que l'on
pourrait assez faire comprendre leur caractère en disant que sous bien des rapports
il ressemble à celui des jeunes gens. — Elles
ont du cœur, de la passion; avant tout
il faut leur plaire et comme les jeunes gens,
elles s'attachent parfois, et souvent aussi sont
inconstantes, infidèles, mais ce n'est jamais
par intérêt; ce n'est que par légéreté de caractère. J'ai parlé ici en général; en particulier,
les grisettes de Nancy peuvent se diviser en
trois classes. Dans la première, je mettrai les
jeunes filles vendues par leur mère à de vieux
débauchés. Ce sont elles qui tiennent ordinairement le rang le plus élevé dans les femmes
entretenues. On ne les distingue guère par
leurs toilettes des dames du haut parage; leurs
mères sont ordinairement des femmes habiles
qui les ont bien vendues et qui, parconséquent, les ont mises en état de tenir un grand
luxe. Ces jeunes filles, en outre de leur vieil
entreteneur qu'elle haïssent toujours, ont ordinairement un amant de cœur qui est, ou un
jeune officier ou un élève de l'école forestière.
Elles se font habituellement remarquer par un
air hautain et quelquefois chagrin, car souvent
elles sont tyrannisées par leurs mères qui tiennent à éteindre leurs tendres sentiments pour

les livrer tout entières à l'intérêt sordide.

Dans la deuxième classe peuvent être en général comprises toutes les jeunes ouvrières nées dans la ville; elles commencent avec leurs jeunes voisins, puis elles font connaissance de quelques commis de boutique ou d'employés d'administration; ou enfin c'est la manne jetée dans les rues; les ramasse qui veut. Il y en a de laides et de jolies, mais toutes sont bonnes, toutes sont généreuses et surtout toutes sont fort coquettes. Si souvent elles n'ont qu'une robe, elle est toujours propre, toujours faite au dernier goût. Il faut dire encore qu'elles sont très laborieuses, ne serait-ce que pour faire honneur à leur toilette, elles travaillent beaucoup. Ici je crois devoir signaler des choses qui se rencontrent malheureusement trop souvent dans les classes pauvres. — Je me suis aperçu que parfois le dénuement était si grand dans les ménages qu'il n'y avait qu'un lit pour toute la famille. De là viennent ces incestes, ces commerces horribles que la plume se refuse d'écrire. A vous donc! riches, et à vous surtout doctrinaires qui vous vantez tant d'aimer la charité, de remédier à ces plaies qui dégradent si hautement l'humanité. Si vous êtes vraiment animés du bon esprit, donnez donc un lit à la jeune fille pour la séparer de son père.

La troisième classe des grisettes de Nancy est composée de jeunes filles qui viennent de la campagne. Ce sont généralement des femmes d'élites. Etant jolies, délicates, intelligentes, on leur a dit dans leurs villages : « allez à la ville, quelques riches messieurs feront votre bonheur. » Elles arrivent d'abord à Nancy

comme bonnes d'enfants, et leur petit minois
est si frais, si gentil, avec leur simple bonnet
d'indienne qu'elles ont apporté de leur ferme,
que bientôt beaucoup d'amateurs se présentent
pour obtenir leurs premières faveurs et elles
finissent par se donner à un. Souvent elles
prennent pour seigneur un épicier ou un
marchand tailleur, car à elles pauvres fleurs
du village, tout homme en redingotte leur
semble riche et puissant. — Mais la désillusion
arrive; elles reconnaissent bientôt que celui
qui leur a promis une fortune est aussi
misérable qu'elles, et alors désenchantées,
elles se livrent à qui les veut, et finissent
toujours par tomber au pouvoir des pareilles
à Mme Poisson qui les retirent chez elles et en
font une spéculation.

D'ordinaire on reconnaît ces jeunes filles
venues de la campagne par leur inhabileté à se
mettre à la mode de la ville qu'elles veulent
toujours suivre et qu'elles ne savent pas
assortir.

Leur caractère est généralement bon et
désintéressé. Cependant il faut plutôt dire
qu'elles se règlent sur les gouts de leurs
amants; car nées servantes, elles se consti-
tuent toujours servantes de ceux qu'elles
pourraient pourtant tyranniser par la puissance
de leur beauté et de leur gentillesse. A ce
sujet je disais un jour en compagnie qu'il est
toujours facile aux hommes d'influencer les
femmes qu'ils approchent, et de rendre senti-
mentale s'ils le veulent même la plus déver-
gondée. A ce propos un comédien homme de
bel esprit se moqua en disant que je m'étais
sans doute laissé abuser par des roueries qui

m'avaient jeté de l'illusion. De l'illusion !
mais qu'importe ? de belles illusions ne valent-
elles pas mieux qu'une dégoutante réalité
répondis-je; et comme mon beau sire m'avait
attaqué avec un certain air d'outre cuidance,
j'ajoutai — hé monsieur vous-même n'êtes-
vous pas artiste et ne vivez-vous pas en jetant
de l'illusion aux gens. Croyez-vous donc qu'il
ne m'en faille pas beaucoup d'illusion pour
que je vous admire, lorsque je vous vois
représenter un héros brillant et d'esprit et de
grâce, tandis que je sais que vous n'êtes,.....
que ce que vous êtes ici. — Le beau parleur
fut un peu embarrassé ; mais cependant sans
se décourager, un instant après il crut prendre sa revanche en disant que l'esprit des
poëtes n'était que de la folie. Le pleutre !....
blasphêmer ainsi contre ses maîtres. Lui,
misérable comédien, comme s'il eut jamais pu
avoir d'autre esprit que celui qu'il apprenait
de mémoire dans les œuvres des poëtes.

Il y a dans le monde beaucoup de semblables
grands hommes et souvent on prend leurs
stupides extravagances pour des sentances de
génie; — méfiez-vous-en.

Revenons à notre histoire. — Alix était donc
couchée avec la petite Rose qui ne se contenta
pas de l'étreindre dans ses deux petits bras
pour la réchauffer pendant toute la nuit, mais
qui encore aussitôt qu'il fut jour se leva pour
lui offrir ses soins.

Parmi ces jeunes filles, il y a ainsi de ces
sympathies subites qui établissent en un instant
les attachements de cœur les plus vrais et
souvent les plus durables. Alix de son côté ne
tarda pas à remarquer les attentions que lui

portait Rose; elle lui en témoigna sa reconnaissance et bientôt elles furent unies par la
plus sincère affection. Lorsqu'elles furent seu-
les dès le premier jour elles commencèrent à se
causer intimement.

Alix s'informa chez qui elle était — Rose
lui fit connaître Mme Poisson; — l'infortunée
en frémit d'horreur.

— Oh! prenez seulement patience quelques
jours lui dit Rose. Mon amant va me louer
une chambre et elle sera pour nous deux, en
attendant que vous pourrez en avoir une pour
vous. Je serai bien contente d'en être aussi
délivrée de cette vilaine Limande; vous ne
pouvez pas croire combien elle me fait de mal;
elle me vole continuellement et encore lorsqu'elle entre en fureur, elle m'accable d'injures et va même jusqu'à me battre ! oh! allez
j'en ai assez. Je vais être bien heureuse d'avoir
une chambre pour moi seule, c'est-à-dire que
vous y viendrez avec moi. —

— Je vous remercie de votre bon cœur, ma
petite amie, répondit Alix, mais à présent
comment pourrai-je sortir de chez cette
femme; je lui dois déjà plus que je ne
pourrais lui payer.

— Hé bien qu'aura-t-elle à dire; est-ce que
je ne pourrai pas lui laisser mon schall ? vous
lui devez peut-être six francs, je suis habile
pour broder; allez, en veillant jusqu'à onze
heures je pourrai gagner vingt sols par jour;
hé bien dans six à sept jours je lui enverrai
son argent et elle me rendra mon schall.

Par délicatesse Alix se fit un peu prier pour
accepter les propositions que lui faisait Rose,
mais dans le fond, sentant le mal qui

pourrait lui arriver, si elle restait avec Mme
Poisson, elle finit par céder aux généreuses
instances de la jeune fille.

Quelques jours après, Rose ayant en effet
une chambre, alla l'habiter avec Alix en laissant son schall à la Limande, comme elle
avait dit.

Cependant la santé d'Alix était bien profondément atteinte, elle ne pouvait pas es-
pérer d'être de longtemps assez rétablie pour
chercher à découvrir le baron, car elle était
venue à Nancy exprès pour le trouver. Mais
en attendant ne voulant pas être trop à charge
à sa généreuse petite amie qui était fort pauvre,
à peine put elle se tenir assise sur son lit,
qu'elle voulut commencer à travailler; sachant
parfaitement raccomoder la dentelle, elle eut
bientôt gagné assez d'argent pour retirer le
schall de Rose, et pour subvenir aux dépen-
ses qu'il fallait nécessairement faire pour la
soigner. La petite Rosine allait chercher les
provisions, puis elle venait s'asseoir à côté de
la malade et toutes deux travaillaient avec la
plus vive ardeur.

Leurs physionomies offraient un contraste
assez frappant : Rosine était délicate, elle
avait une bonne petite figure fraîche et ronde-
lette, avec des cheveux châtains, des yeux
bruns, un nez légèrement retroussé, et le
caractère d'une douceur angélique dans la
conformation de la bouche, enfin elle était
gentille et gracieuse; au lieu qu'Alix était une
beauté sévère et parfaite, à taille élevée, à
poitrine large, à chevelure épaisse et d'un noir
éclatant, aux sourcils bien arqués, aux grands
yeux petillant d'ardeur, au nez grec, aux

6

lèvres minces, et aux dents blanches et rangées
comme des perles; puis sa main était petite,
son pied cambré et frêle, enfin c'était le vrai
type de ces admirables femmes de Bordeau.,
qui sont plus jolies que toutes les françaises
et plus belles que toutes les andalouses.

Un jour, Rose pria son amie de lui raconter
son histoire.

— Je le veux bien repondit Alix, mais ma
petite bonne comme la vôtre est sans doute
plus courte que la mienne, vous devez commencer la première.

— Oh mon Dieu très volontiers, comme vous
dites, je n'en ai pas bien long à conter; Pardi
à dix-sept ans, on ne peut pas encore avoir
ni fait, ni vu grand chose. Je vais commencer par vous dire que je suis née dans un
village des environs de Nancy; pendant que
j'étais petite, on me disait toujours que je
deviendrais une demoiselle de ville. On ne s'est
pas trompé, c'est fichu! j'en suis devenue
une fameuse demoiselle; enfin, croyant qu'il
m'arriverait quelque chose de mieux, à seize
ans je vins ici, comme bonne d'enfant chez
un marchand. A peine y étais-je depuis un
mois, que mon bourgeois me dit que, si je
voulais être sa maîtresse, il me mettrait en
chambre, et m'achèterait tout ce que je désire-
rais. Je refusai d'abord, mais tentée par les
belles promesses qu'il me fit, je finis par me
livrer à ses désirs, il me loua en effet une
assez jolie petite chambre, et m'acheta aussi de
la toilette.

Pendant un mois, je fus comme une reine;
j'avais une femme de chambre pour me servir,
elle m'aidait à m'habiller, m'allait chercher

des repas délicieux ; mais cependant avec toutes
ces douceurs, mon entreteneur qui était
jaloux, ne voulant pas me laisser sortir un seul
instant, je ne tardai pas à furieusement m'en-
nuyer, d'autant plus que je ne l'aimais guère ;
ma foi, un jour je n'y pus pas tenir davantage.
Après m'être parée de ma plus belle toilette,
je me mis en liberté, j'allai parader sur les
trottoirs, et le soir pour bien terminer mon
heureuse journée, j'entrai au spectacle. N'ayant
pas mal d'argent, je me plaçai dans la grande
loge aux premières. Bientôt il vint s'asseoir
près de moi un joli petit forestier ; il me fit
les yeux doux, me combla de compliments,
son habit brodé m'énorgueillissait ; si bien
qu'en sortant du théâtre, au lieu de retourner
dans ma chambre, j'acceptai d'aller dans un
hôtel me marier en secondes noces avec le
beau jeune homme en uniforme. Vous vous
figurez bien, ma chère, comment le lendemain
je fus reçue par mon marchand qui se douta
bien que je lui avais joué la farce. Il m'accabla d'injures, menaça de me battre et enfin
m'ordonna de sortir à l'instant de sa chambre.
Le forestier m'avait un peu monté la tête, en
me disant que j'avais tort de rester avec un
vieux saguoin d'entreteneur comme celui que
j'avais ; aussi je ne me fis pas longtemps prier
pour quitter son appartement. Ma bourse
étant encore assez bien garnie, je louai de
suite une chambre à mon compte, m'y établis
et commençai à mener la vie la plus joyeuse
que je pus imaginer. Je ne me refusais rien :
spectacles, bals, bons dîners, puis tous les
soirs je changeais d'amants, tantôt c'était un
officier de cavalerie ou d'infanterie, tantôt un

forestier, un collégien, ou un commis-voya-
geur, enfin j'en avais de toutes les couleurs;
mais cependant mon argent s'épuisait, et je
n'en gagnais point, car je faisais l'amour de
tout cœur, et ne travaillait jamais; si bien
qu'après deux ou trois mois, je fus obligée de
cesser de vivre ainsi de mes rentes. C'est alors
que je fis connaissance de la Limande qui vint
me flagorner pour m'attirer chez elle. Elle me
procura d'abord quelques amants qui me
payèrent assez cher; mais elle prit la plus
grande partie pour son droit de pilotage, et
me retint le reste pour me coucher et me donner la plus mauvaise droguerie de nourriture
que l'on puisse avaler. Oh ! l'indigne femme
que cette dame Poisson !.... Mon existence était
toujours cruellement monotone, lorsqu'un
jour, ayant refusé d'aller avec un vilain drôle
qui ne me convenait pas, il écrivit mécham-
ment au commissaire, que l'on devait me faire
entrer à la maison de santé. Vous pouvez
penser comme je me mis à pleurer quand
je vis deux agents de police venir me prendre
pour m'y conduire.

J'eus beau crier et contester, il me fallut
les suivre. Chemin faisant je pleurais toujours,
j'étais au désespoir. Avec cela que nous rencon-
trions parfois des personnes qui avaient l'air
de me huer. Pourtant nous trouvâmes un
monsieur qui, au lieu de se moquer, prit
intérêt pour moi.

— Qu'a-t-elle donc fait cette enfant? dit-il
aux agents de police.

Ils lui contèrent ce qu'il en était. Lui me
regarda attentivement et me demanda si j'é-
tais vraiment malade. Oh non ! mon bon mon-

sieur, m'écriai-je! Non, grâce, pitié, protection! je vous en supplie. Si j'étais malade, je ne pleurerais pas ainsi. Je vous jure que ce n'est que par méchanceté que l'on a écrit pour me faire avoir cette ignominie.

— Cela serait assez possible, dit-il alors, j'ai toujours blâmé cette mesure de la police. De méchants hommes peuvent en abuser aux dépens des jeunes filles qui les éconduisent. Je me rends responsable de cette demoiselle, vous me connaissez, messieurs, vous pouvez assurer le commissaire qu'il peut compter sur moi et être tranquille pour cette affaire, alors les agents le saluèrent respectueusement et me laissèrent. Quel bonheur pour moi!! J'avais envie de me jeter au cou de mon sauveur, de l'embrasser ou plutôt de me prosterner à ses pieds pour lui témoigner ma reconnaissance. Quand nous fûmes seuls, il me dit : vous viendrez ce soir chez moi à huit heures, car si j'ai répondu de vous, il faut que je vous fasse un peu causer pour bien connaître quelle est votre véritable position et il me quitta en me donnant son adresse.

Vous pensez-bien que je ne dus pas manquer d'y aller. — Puisqu'il m'avait protégée, je ne devais pas le tromper. Je n'avais, du reste, pas à faire trop la précieuse. J'étais bien allé chez d'autres qui n'avaient pas été si bons pour moi. Cependant j'avoue, qu'arrivée à sa porte, j'hésitai assez longtemps pour entrer; mais ce n'était pas par bégueulerie, c'était plutôt par intimidation. Où diable la timidité allait-elle se loger, me direz-vous? Mais c'est que je n'étais plus moi-même. Des émotions drôles se passaient dans mon cœur.

Je ne sais pourquoi cet homme m'avait inspiré
quelque chose d'extraordinaire, enfin j'entrai.
Je le trouvai à écrire assis à une grande table
chargée de livres. Je me dis aussitôt c'est
quelque savant. A peine s'il fit attention à
moi, il me fit signe de m'asseoir et continua
à écrire. Alors en l'attendant je le regardai
un peu furtivement, je ne l'avais pas bien vu
avec les agens de police, j'étais trop émue.
Je croyais qu'il devait avoir une quarantaine
d'années, et point du tout, là je reconnus
que c'était un tout jeune homme ; seulement, il paraissais vieux de caractère et de
raison. Du reste, je me souviendrai toujours
l'effet étrange que me fit sa physionomie,
la première fois que je le vis ainsi. C'était
une figure pâle encadrée d'épais cheveux
noirs, un grand front, une bouche à expres-
sion maligne avec des moustaches retroussées
et puis des yeux vifs et pénétrants, avec
tout cela, je ne le trouvai ni laid ni beau.
Seulement, sa physionomie avait quelque
chose d'extraordinaire, il ne ressemblait à
personne.

Lorsqu'il eut fini d'écrire, il se tourna vers
moi et se mit à me faire causer. Je lui jurai de
nouveau que c'était injustement que l'on avait
écrit au commissaire. Il me regarda fixément
et me dit : « Allons, oui, je vois que vous
étiez victime d'une méchante vengeance, et il
me demanda ce que je faisais, ce que j'espérais. Je lui répondis de mon mieux, puis
bientôt il me dit que me croyant bien douce
et bien mignonne, il serait heureux si je voulais
revenir le voir quelquefois. J'y retournai le
lendemain et plusieurs jours de suite. Ce

n'était que par pure reconnaissance, car vous comprenez que ce n'était pas fort amusant pour moi qui aimais tant de rigoler, de me trouver avec cet homme toujours rêveur et qui ne me parlait que pour me prêcher la morale. Oh! je suis de bon compte, les premiers jours il me parut très insipide. Mais cependant, chose extraordinaire, bientôt je trouvai dans sa voix, dans ses paroles, un charme que je n'avais pas encore remarqué; bientôt aussi dans ses caresses, dans toute sa manière d'être avec moi, je trouvai des délicatesses, des égards, des empressements qui m'avaient d'abord semblés de la jobardise, à moi qui étais habituée aux gros propos et aux manières brutales de mes autres amants, mais qui ne tardèrent pas à me devenir fort agréables; si bien qu'avant quinze jours, je ne sais pourquoi ni comment, je me trouvai à aimer cet homme de l'amour le plus sincère et le plus vif. Je ne pouvais plus vivre sans lui, tous les soirs j'allais le voir. Souvent lorsque j'arrivais, il était si préoccupé à écrire, qu'il ne m'apercevait pas. Je me plaçais doucement à son côté et déroulant ma broderie que j'apportais toujours, je me mettais à travailler en le regardant de temps en temps. J'éprouvais du bonheur de ne pas troubler son silence. Sa tristesse m'inspirait de doux sentimens de respect, et lorsqu'il me souriait, c'était le ciel qui s'entr'ouvrait pour mon cœur. En s'interrompant de son occupation, il se tournait vers moi et me disait : ah! te voilà belle enfant, puis il m'offrait un baiser et me pinçait doucement la joue avec ses beaux doigts blancs. Parfois il prenait ma broderie et me marquait

un morceau que je devais faire dans ma soirée,
je travaillais de si bon cœur pour accomplir la
tâche qu'il m'imposait! de son côté, il paraissait aussi s'attacher à moi, cependant par
fois il me disait des paroles qui me faisaient
bien de la peine. — Bonne petite amie, me
disait-il en m'attirant vers son cœur, tu es bien
douce, bien mignonne, tu es devenue l'ange
de ma solitude, je t'adore. Je voudrais passer
tous mes instans à te contempler comme le
payen fanatique contemple son idole ; je voudrais ne m'occuper qu'à te prodiguer mes
caresses et mon amour ; mais le travail ! mes
ouvrages !... mon avenir !!! et je ne comprenais que trop bien ce que signifiaient ces
paroles, je le troublais dans ses occupations,
je lui étais importune. Oh ! comme cela me
causait du chagrin. Je redoublais de précautions pour ne pas le déranger. Je me plaçais
derrière lui, je ne parlais que lorsqu'il le
voulait. Souvent même pour mieux m'effacer
encore de sa chambre tout en y restant, je
feignais d'avoir envie de dormir, je me cou-
chais dans son lit et simulant le sommeil,
j'étais au comble du bonheur de pouvoir seulement le regarder en cachette par une petite issue que je laissais entre les rideaux ;
mes attentions semblaient le satisfaire. De
plus en plus il paraissait se livrer à l'affection
qu'il concevait pour moi. Un dimanche surtout, il me combla plus de caresses qu'à
l'habitude encore. J'étais si contente, je le
priai de me conduire au spectacle, il y consentit. Vers deux heures je sortis pour aller
m'habiller. Oh ! j'étais si joyeuse de l'avoir vu
me sourire, j'allais aller au spectacle avec lui.

Que de bonheur ! vite, vite, je me mis à
ma toilette. Je pris tout ce que j'avais de plus
beau. Je chantais, j'étais ivre de contente-
ment, lorsque tout-à-coup on m'apporte une
lettre, une lettre de lui ! qu'y avait-il ? je
l'ouvre ! je lis et je tombe évanouie.... Oh !
tenez je sais encore de mémoire tout ce qu'elle
contenait cette cruelle lettre.

« Ma bonne petite Rose, m'écrivait-il, je
t'aime bien, tu t'es toujours montrée aussi
douce qu'aimante et désintéressée à mon
égard, mais, malgré tout mon attachement,
je suis enfin à mon grand regret, forcé de
t'abandonner. L'utile doit l'emporter sur l'a-
gréable. En ce moment, je ne dois songer qu'au
travail. Plus tard, ou peut-être jamais, viendra pour moi la liberté d'esprit et de temps qu'il
faut pour avoir une maitresse. Je te demande
pardon de toute la tristesse que j'ai pu te causer pendant que tu es venue près de moi.
Adieu ! sois joyeuse, insouciante. Jouis bien de
ta jeunesse, le présent est sûr, l'avenir incertain. Cependant tâche de bien placer ton
attachement, tu es bien douce et bien bonne
pour la vie que tu dois mener. Adieu pour
toujours. Pense quelquefois à moi. » — Et cela
était bien signé de son nom : Alfred de Beaulys. Il me disait adieu pour toujours. Oh !
c'était impossible. Je restai longtemps comme annéantie, mon cerveau bouillait, brûlait,
calcinait sous mon crâne. Je ne savais que
faire ; je souffrais trop. Enfin tout-à-coup,
je me levai comme une folle, et je courus me
placer dans le corridor où il devait passer pour
sortir de son dîner. Je m'y assis ; il faudra
bien qu'il me parle ainsi, il ne pourra pas

me fouler aux pieds sans au moins me dire,
lève-toi; d'où j'étais, je l'entendais un peu
causer à table. Oh ! comme j'écoutais attentivement, comme je m'enivrais du charme de sa
voix ; comme je m'efforçais de distinguer si
ses accents étaient tristes ou gais ; si je l'eus
entendu rire, je crois que serais morte ! oui
morte !... Lorsqu'il se leva, et qu'il s'avança vers
moi, dans le corridor, je faillis encore m'évanouir d'émotion. Cependant j'eus la force de
me lever à genoux, et lui tendant les mains;
je lui dis grâce, grâce !! mon Alfred grâce pour
ta petite Rose qui t'aime bien. Je ne te gênerai
plus pour travailler, pendant les occupations
je resterai derrière la porte, et ce sera seulement
lorsque tu sommeilleras que je me permettrai
de m'asseoir près de ton chevet pour te regarder d'amour; grâce ! grâce !! oh ! mon Alfred,
grâce pour ta petite Rose qui t'aime bien. Et
bon Alfred ! je savais bien qu'il était bon, je
savais bien qu'il aurait pitié de moi, il me fit
relever, m'embrassa et me pressa sur son
cœur en me disant : c'est donc vrai que tu
m'aimes ? hé bien viens, viens encore, viens !
au lieu de me troubler, tu seras mon ange
d'inspiration. — Oh ! je ne puis vous exprimer
combien je fus heureuse de lui entendre prononcer ces paroles de pardon. Je le suivis chez
lui ; il m'expliqua ce qui l'avait poussé à
m'écrire sa lettre. Je me souviens encore parfaitement de ses paroles, car il me les a ré-
pétées bien souvent et je l'écoutais toujours
avec tant d'attention. Vois-tu ma petite amie
me disait-il, si mon front est continuellement
couvert des nuages de la tristesse, si mes
yeux sont caves et mon teint blême, si mon

sourire est amer, et si enfin je cherche si
ardemment à me livrer tout entier au travail,
c'est que mon cerveau est agité de mille ou-
ragans, c'est que mon cœur est dévoré par
d'horribles tourments, c'est que je suis mal-
traité, tyrannisé, avili, et que le travail peut
seul m'élever au-dessus de mes maux. Ma
position me ferait vraiment nier la clémence
du créateur. Il me donne l'amour du beau
et surtout de la liberté, et il me fait naître
dans la fange et dans l'esclavage; il découvre
à mon intelligence un but de lumière et de
bonheur, et pour m'empêcher de l'atteindre,
il sème ma route de difficultés et de tourments. Oui! je sens en moi quelque chose
qui me dit : « lève la tête, élève-toi, ton intelligence est grande, tu dois briller au-
dessus du vulgaire, et en même temps je
sens la misère m'étreindre dans ses hideux
haillons, et tandis que la nature me parle
de grandeur, un crétin brutal, méprisable,
auquel je suis asservi pour gagner un salaire
de subsistance, écrase mon grand front sous
son idiote main et m'accable de ses stupides
fureurs. Si en tordant mon joug je dérive un
instant de ma servitude et appelle à mon
secours quelques hommes que je crois généreux, intelligents et enfin capables de me
comprendre et de m'aider à sortir de ma
fatale position : le plus souvent je trouve
encore des cœurs froids et indignes de ma
confiance. Dernièrement j'avais affaire à un
peintre auquel j'avais d'abord cru une belle
âme et ce n'était encore qu'un petit esprit
aux vues étroites et sordides : pour quelqu'argent il m'accabla d'ignominie. Oh! le

monde !!! le monde!!! ne cherche jamais à le
connaître ma douce amie ? va, effleure !
effleure! vole dans la vie comme l'hirondelle
sur l'eau, n'approfondis rien, car si la·sur-
face est quelquefois dorée, le fond n'est
que fange et qu'abîme. Pour m'affranchir le
plus possible de la tyrannie des hommes, je
leur demande le moins possible. Je restreins
mes besoins, je fuis tous les plaisirs, je
me nourris de peu, je ne me chauffe jamais
l'hiver. Comme.l'agneau je n'ai qu'une toi-
son, ma garde-robe ne se compose que de
quelques chemises, d'un pantalon et d'une
capotte que j'ouvre pendant l'été et que je
ferme quand il fait froid ; eh bien pourtant
j'ai encore des envieux et des jaloux qui me
poursuivent de leurs cabales et de leurs injures. Comprends-tu maintenant ma douce
amie pourquoi je suis triste et qourquoi je
me livre si ardemment au travail qui peut
m'élever au-dessus de ces misères et me faire
prendre enfin un puissant essor pour voler
dans les régions de liberté où mon esprit
m'appelle.

Voilà ma chère Alix, ce qu'Alfred me re-
disait souvent, je ne le comprenais pas entièrement, mais je sentais très bien qu'il était bon,
généreux et au-dessus des autres hommes pour
l'esprit.

Vous ne pouvez pas croire combien il a eu
d'influence sur mon caractère. Avant de le
connaître, j'étais insouciante, espiègle, dérai-
sonnable, je narguais le malheur, crachais à
la face du pauvre ; c'est lui qui m'a appris à
aimer le bien et à compatir aux chagrins
d'autrui. C'est lui qui est cause que je vous ai

offert mes soins, au lieu de rire de votre mauvais état, lorsque la Limande vous a amenée
toute mouillée, presque morte. Je ne puis pas
vous exprimer combien sa charité avait d'étendue et de moyens pour soulager. S'il n'avait
pas une obole à offrir, il donnait des consolations qui portaient un divin baume, dans le
cœur ulcéré des malheureux qui lui demandaient secours.

Son âme était si susceptible de sensibilité,
que ses attentions se portaient jusque sur les
plus petits êtres de la nature. Souvent je l'ai
vu se détourner de son chemin et courir avec
empressement pour sauver un insecte en péril.
Il allait jusqu'à croire que les plantes pouvaient
souffrir, et il était ému de voir couper un
arbre, et même de voir cueillir une fleur.

Mais une chose étonnante, que je n'ai pas
encore pu m'expliquer; c'est qu'avec tant de
bonté, tant de grandeur d'âme, tant de charité
et tant d'intelligence, il n'aimait pas les cérémonies religieuses; jamais il n'entrait à l'église, il maudissait ceux qui allaient se confesser, et me défendait impérieusement de faire
un seul signe de croix.

A ce sujet il me disait : « Elève ta pensée au
bien, sois vertueuse et charitable, mais ne
fais point de ces manigances, qui ne sont que
les jongleries des plus infâmes comédiens du
monde.

Il resta encore environ trois mois dans cette
ville, travaillant continuellement, puis un jour
il leva la tête d'un air radieux en s'écriant :
c'est fini ! et le lendemain il partit pour Paris.
En me quittant, il me dit que son sort allait
favorablement changer; et me recommanda

d'être sage ; de ne pas l'oublier, en me promettant que si jamais il avait du bonheur, j'en
aurais ma part. Ah ! il n'a pas besoin de s'en
inquiéter ; il n'y a pas de danger que je
l'oublie, et que je lui sois infidèle, j'aimerais
mieux mourir que de me donner à un autre
qu'à lui. Depuis son départ, il m'a souvent
écrit ; il paraît que c'était à composer un
livre, qu'il s'occupait si assidument : dernièrement il m'a marqué qu'il l'avait vendu
une forte somme, que toutes ses espérances
allaient se combler, que je pense toujours à
lui, et que de son côté il ne m'oublierait pas.
En même temps, il m'a envoyé une jolie robe,
et cinquante francs. C'est alors que j'ai loué
la chambre que nous occupons, et que je
suis enfin sortie des griffes de Mme Poisson ;
et voilà toute mon histoire. J'ai encore hier
reçu une lettre de lui ; je l'aime de plus en
plus, et sans me soucier qu'il soit riche ou
pauvre, pourvu qu'il veuille toujours que je
sois sa petite maîtresse, ou même sa servante,
j'aurai le paradis sur terre.

Pour terminer, ma chère Alix, je vais vous
embrasser en pensant à lui, et puis ce sera à
votre tour de me conter vos aventures.

— Bonne petite Rose, vous vous abandonnez
naïvement à votre amour, vous voyez tout en
beau dans l'avenir, hélas ! nous autres femmes,
nous sommes presque toutes ainsi. Nous sommes folles, nous aimons et nous nous livrons
avec confiance à l'homme qui nous est cher,
nous sommes de si bonne foi que notre a-
mour nous suffirait pour défier toutes les
peines de ce monde, et cependant Dieu sait
ce qu'il arrive. Oh ! ma jeune amie, ce n'est

pas pour vous inspirer la moindre inquiétude, mais je vous assure que nous autres femmes nous ne devons compter notre bonheur qu'à la fin, car bien souvent nos brillantes espérances se changent en horribles chagrins. Vous voulez que je vous conte mon histoire, je le veux bien. Hélas ! je vais rouvrir bien des plaies dans mon pauvre cœur, je vais me livrer à de bien pénibles émotions en revenant sur mon passé, mais aussi je serai heureuse d'épancher mes douleurs dans votre cœur, que je sais plein de si doux sentiments.

Je ne suis pas comme vous née dans un village, je suis de la grande ville de Bordeaux ; mon père y était un magistrat fort estimé. Hélas ! je l'ai à peine connu ; lorsqu'il mourut je n'avais guère que six ans. Ma mère se consola de la perte de son époux, qu'elle aimait éperdûment, en reportant sur moi tout son amour et tous ses soins ; notre fortune sans être considérable, nous était suffisante. Je fus élevée comme une princesse, rien ne fut épargné pour mon instruction. A seize ans, j'étais vraiment accomplie sur tous les talents qu'une jeune personne de bonne maison doit avoir ; avec cela on me trouvait jolie. Oh ! c'était surtout aux yeux de ma mère que j'étais belle, que d'admiration elle avait pour moi. Aussi s'empressa-t-elle de me conduire dans la société pour me montrer avec orgueil ; pauvre mère ! elle ne savait pas que souvent un trésor vu est un trésor volé.

A peine eus-je paru quelquefois dans les salons, qu'un bal se présenta et je dus y aller. Que de frais, que d'apprêts, que de recherches on fit pour ma toilette. Le bon goût étant joint à la richesse dans mes parures, je fus vraiment la reine de la soirée. Hélas ! je ne fus que trop brillante pour être malheureusement remarquée par celui qui devait porter l'orage dans tout mon avenir; oui, ce fut à ce bal que je le vis pour la première fois. Il me faisait danser en me considérant de son regard de feu. Puis il causait beaucoup à ma mère et la comblait de politesse; pauvre mère, elle lui faisait bon accueil. C'était le plus beau jeune homme de la soirée, et de plus il était noble et riche, quelle mère n'eût pas été flattée de recevoir ses hommages ?...

Quoique bien jeune et bien innocente encore, j'avais été émue de ses prévenances, et en sortant du bal, je ne pus m'empêcher de demander son nom à ma mère. — C'est le jeune baron Abel de la Tolade, brillant parti de fortune et d'honneur, me répondit-elle, pourquoi me demandes-tu son nom ? Je répliquai par quelques mots insignifians pour rompre à ce sujet, mais la pensée de ce beau jeune homme me resta bien vive au fond du cœur.

Quelques jours après, j'allai à un autre bal, et mon premier mouvement fut de chercher du regard s'il y était. Je n'en doutai pas longtemps car bientôt il vint m'inviter à danser en nous comblant de galanterie ma mère et moi, et dès lors, je fus convaincue que je l'aimais, car rien que le toucher de sa main me causait des émotions comme je n'en avais jamais encore éprouvées. Sa voix me faisait tressaillir le cœur, son regard portait le trouble dans tout mon être. Oh ! que ces premières impressions d'amour sont extraordinaires. Après cela je rencontrai le baron dans toutes les soirées et

dans tous les bals. Sans doute il venait exprès
où je me trouvais, et toujours il se montrait
de plus en plus empressé à mon égard. De
mon côté, je me sentais aussi éprendre de plus
en plus d'amour pour lui, enfin un jour une
lettre me fit remise à l'insue de ma mère,
c'était de lui, il me faisait un vif aveu de son
amour, me parlait de mariage, et me défendait cependant de montrer sa lettre à ma
mère. Oh! j'aurais dû ne pas l'écouter, et tout
confier à celle qui devait soutenir ma faiblesse; mais non, hélas! je la cachai cette
épître, je la cachai même sur mon cœur,
afin de mieux sentir que je la possédais.

Ce fut une habitude qu'il prit de m'écrire
souvent pour m'exprimer ses tendres sentiments, et chaque fois qu'il me rencontrait,
il me parlait du bonheur qu'il espérait de
notre union dans l'avenir. Il faisait des ser-
ments avec des paroles si entraînantes et si
douces qu'en les entendant je me sentais
toute à lui. Six mois environ se passèrent
ainsi. Le baron était devenu d'une extrême
jalousie; dans toutes les soirées, dans tous
les bals, il voulait que je fusse entièrement
à lui; la moindre galanterie que je recevais
d'un autre cavalier, le mettait dans un état
terrible. Un soir dans un salon, je fus malheureusement remarquée par un jeune homme
de haute mine. Je m'informai qui il était, on
me dit, que c'était le comte de Martignac,
fils d'une des plus grandes familles de Bordeaux. J'eus beau le payer d'indifférence,
il ne cessa de s'attacher à moi et de me faire
sa cour. Le baron en était hors de lui, je le
voyais errer dans le salon, la fureur dans

7

le regard et le désir de la vengeance sur ses
traits tout décomposés. Le lendemain vers la
fin du jour, je reçus une lettre de lui, hélas!
une lettre terrible, il me disait : « je pars à
l'instant pour aller à la rencontre du comte
de Martignac qui vous a si ardemment cour-
tisée hier soir. J'espère qu'il se trouvera au
rendez-vous, nous nous battrons à mort.
Laissez votre porte ouverte, à minuit vous
aurez de mes nouvelles; si j'ai succombé, on
vous portera mon adieu et mes dernières vo-
lontés, mais si je triomphe, oh! mon ange,
j'irai moi-même vous l'annoncer et il vous faudra du courage, car nous devrons sans doute
fuir ensemble; si vous m'aimez, priez Dieu
pour moi ». — Il m'est impossible de vous
exprimer dans quelle émotion me jeta cette
lettre. C'était un évènement qui me présen-
tait deux fins épouvantables : d'une part le
baron pouvait succomber et s'il survivait, je
devais quitter ma mère; mon cœur s'en brisa,
ma tête se perdit dans un dédale d'idées horribles. J'en fus un instant comme anéantie,
puis je me mis à pleurer de toute ma force.
Ainsi plongée dans mes douleurs, j'oubliai
l'heure du dîner; ma mère vint m'appeler,
j'essuyai vite mes larmes, mais elle s'aperçut
bien de ma pâleur et de mes yeux rougis, et
puis je ne pus pas manger; alors elle s'inquiéta
de ma santé. Je simulai une indisposition légère et dont je dis ne pas pouvoir m'expliquer
la cause; l'on me fit mettre au lit et l'on
m'entoura de soins. Craignant d'être veillée
trop avant dans la nuit, j'exprimai bientôt
mon désir de prendre du repos. Ma mère resta
seule près de ma couche, j'eus un instant en-

vie de tout lui avouer et de la faire attendre
avec moi le baron ou son envoyé, mais hélas !
pauvre mère, elle n'était plus la première dans
mon cœur; les sentiments que m'avait inspirés
le baron étaient plus forts que ma piété filiale,
aussi loin de lui confier mes inquiétudes, je
cherchai plutôt à l'éloigner d'auprès de moi,
je feignis de dormir, elle resta encore quelque temps, puis me croyant véritablement en
sommeil, elle déposa un baiser affectueux
sur mon front et me laissa. Aussitôt que je
fus seule, je me levai et m'habillai. Chose
extraordinaire : malgré tout mon amour pour
le baron, j'avais la ferme résolution de ne
pas le suivre, s'il voulait m'éloigner de ma
mère, et cependant involontairement, je me
vêtis comme pour faire un voyage, et plus
même, je pris sur moi toutes mes parures les
plus précieuses. Onze heures sonnèrent, il y
avait encore une heure à attendre, mon Dieu
qu'elle me parut longue à passer. Enfin ma
pendule frappa minuit. Chaque son de l'airain
me perçait le cœur comme un coup de poignard, le moment décisif était venu; le baron avait-il succombé? et s'il était vainqueur
qu'allait-il survenir ? Je fus quelques instants
sans prendre haleine, tellement j'étais atten-
tive à écouter si quelqu'un n'arrivait pas. Enfin
j'entendis des pas résonner légèrement dans
le corridor. Grand Dieu! était-ce lui ou ve-
nait-on m'annoncer sa mort. Oh ! quel moment d'émotion, je me précipitai vers la
porte, un homme apparut, c'était lui, bonheur du ciel !... je tombai dans ses bras en
criant merci à Dieu; mais j'entendis bientôt
ce mot terrible — fuyons ! — fuir hélas ! quitter

ma mère ? Oh ! non ; je ne le ferai pas ;
éveillons là ? partons ensemble ? mais pour
la laisser seule, elle qui m'aime tant, oh !
non, de grâce ne me le demandez pas m'é-
criai-je. Fuir avec votre mère ? c'est impossible reprit le baron, ne perdons point
de temps, venez, venez, je vous traiterai
comme ma sœur, et je vous épouserai lorsque nous serons en lieu sûr. Venez, venez,
ne me perdez pas, j'ai tué le comte, et vous
savez que sa famille est puissante ici ? — Je
voulus encore résister, alors le baron s'écria :
ah ! vous ne voulez pas me suivre, des idées
de petite fille vous retiennent, j'ai donc eu
bien tort de tuer un homme pour un amour
de si peu de valeur, j'ai donc bien eu tort
d'exposer ma vie et de recevoir en réalité
deux coups de feu dans la poitrine, pour
vous qui me refusez un petit sacrifice. Hé
bien c'est assez, si les balles du comte ont
déchiré mon flanc sans atteindre mon cœur,
je tirerai plus juste moi. — En même temps
ouvrant son habit, je vis le sang jaillir à
flots de sa poitrine et armant un pistolet
qu'il prit à sa ceinture, il allait se donner
la mort. Tant de mal, tant de sacrifice pour
moi, et puis je l'aimais tant, je ne pus pas
résister d'avantage. Je me jetai dans ses bras
en disant que j'étais toute à lui ; aussitôt il
m'emporta dans une voiture qui nous attendait dans la rue, se plaça à côté de moi et
nous partîmes. Une autre voiture dans laquelle étaient deux de ses serviteurs et ses
bagages nous suivit. L'argent tombait généreusement dans les mains des postillons, aussi
les relais se succédaient rapidement. Nous

nous dirigions du côté de l'Italie. Dans deux
jours, nous fûmes hors de France. Nous nous
arrêtâmes à Turin. La fatigue du voyage ayant
fait empirer ses blessures ; le baron était
expirant, des médecins furent promptement
appelés, on lui prodigua tous les soins pos-
sibles, et il fut bientôt rétabli. Lorsque sa
santé fut en parfait état, nous commençâmes
à jouir de la vie la plus brillante que l'on
puisse imaginer. Il est inutile de dire que la
promesse qu'il m'avait faite de me traiter
comme une sœur et de m'épouser quand
nous serions en lieu sûr, fut bientôt oubliée,
et que je ne tardai pas à devenir sa maîtresse.
Après être restés encore quelque temps à
Turin, nous allâmes à Milan, puis à Naples,
puis à Rome, puis à Venise, puis nous nous
embarquâmes pour la Grèce, puis nous pas-
sâmes en Sicile, puis nous revînmes encore
en Italie; enfin nous allions partout où notre
imagination nous appelait. Nous vécûmes environ six années ainsi, et je puis dire que
pendant ce temps j'ai joui du bonheur le
plus complet qu'on peut avoir sur terre;
car, je réunissais tout ce qu'on peut désirer.
J'étais au comble du luxe et de l'opulence;
mes moindres caprices étaient tous satisfaits. J'avais l'agrément des voyages que j'aimais beaucoup, j'étais toujours reçue d'une
manière distinguée dans toutes les plus nobles sociétés et dans toutes les plus brillantes
fêtes des charmantes villes où nous nous ar-
rêtions, et puis surtout ce qui me rendait
heureuse, c'est que j'aimais et que j'étais
aimée, et aimée avec des sentiments les plus
vifs et les plus délicats, car le baron m'ai-

mait sans jalousie et n'avait d'amour que
pour moi seule. Oh! j'étais si heureuse que
j'en avais complètement oublié ma pauvre
mère, je n'avais pas même songé à écrire pour
avoir de ses nouvelles.

Au bout de ces six années, le baron témoigna le désir de revenir en France, nous
partîmes de suite pour Lyon, nous des-
cendîmes à l'hôtel Franck, rue Sirène. A
peine y fûmes-nous depuis huit jours, que
je m'aperçus tout-à-coup d'un changement
dans la manière d'être du baron. Il devint
étonnement soucieux, je voulus en savoir le
motif, il me le dissimula, seulement bientôt dans un de nos entretiens où je le pres-
sais encore de m'avouer d'où venait l'inquiétude que je lui remarquais, il me dit qu'il
désirait que notre mariage s'accomplît le plutôt possible et que par conséquent je devais
de suite écrire pour m'informer ce qu'était
devenue ma mère et mes héritages. Je fis
suivant sa volonté, j'adressai ma lettre à une
de mes amies, sa réponse ne se fit pas attendre, mais elle fut terrible; elle m'apprit
qu'aussitôt après mon départ, ma mère était
devenue folle de désespoir, que des personnes
s'en étaient emparée et avaient profité de son
délire pour lui subtiliser ses biens, puis,
qu'elle était morte quelques mois après et
qu'ainsi je n'avais plus ni mère, ni fortune.
Cette lettre fut pour moi un coup de foudre. J'avais tué ma mère; oh! quel horrible remords me torturèrent le cœur, j'en
fus plusieurs jours hors de moi, sans connaissance, comme morte. Pour me consoler,
le baron me dit que ces nouvelles pouvaient

être mal fondées, et il écrivit à un jeune
avocat de sa connaissance pour avoir des
informations plus sûres. On lui confirma exactement ce que m'avait écrit mon amie, et
comme il avait surtout appuyé au sujet de
la frustration de ma fortune, l'avocat répondit qu'elle était bien perdue pour toujours,
car les personnes qui se l'étaient appropriée
étaient parfaitement en règle. Ma mère avait
signé un marché par lequel elle était sensée
leur avoir vendu et avoir été payée comptant.
Je n'avais sûrement plus rien à réclamer. La
perte de ces biens m'importait peu, car je
croyais le baron assez riche pour nous deux,
mais quelle ne fut pas ma surprise quand il
m'avoua que lui-même n'avait plus rien,
qu'avant de quitter Bordeaux, une partie
de sa fortune était déjà dissipée et que se
reposant sur ce que je pourrais avoir et surtout sur un immense héritage que devait lui
laisser un oncle qui vivait encore, il avait
cru ne pas devoir se gêner pour dépenser
ce qui lui restait depuis que j'étais avec lui
dans nos fêtes et dans nos voyages. J'en fus
atterrée, nous allions donc tomber dans la
misère? Les deux serviteurs qui nous avaient
suivi en partant de Bordeaux étaient toujours
avec nous; l'un se nommait Carré, il avait
été l'homme d'affaire du baron du temps
qu'il régissait ses biens dans la Gascogne.
L'autre qui s'appelait Georges avait été et était
encore son secrétaire; tous deux lui étaient
extrêmement attachés et dévoués jusqu'au
sacrifice de leur vie. Il les appela et eut
avec eux un long entretien. Je ne sais ce
qu'il leur dit, mais ils nous quittèrent aussi-

tôt pour ne plus revenir. Ce terrible coup
d'infortune accabla le baron, il ne sortait
plus de notre appartement, était silencieux
et plongé dans le plus profond abattement.
Moi-même, j'étais en proie à toute l'horreur
du désespoir. Je faisais mille épouvantables
conjectures sur notre avenir. Cependant j'a-
vais du cœur, j'espérais me soutenir par le
travail ; lorsqu'un jour le baron après un
long entretien me dit : « hé bien as-tu trouvé
quelque moyen de salut? »

   — Oui, lui répondis-je, le travail !

   — Le travail !.. voudrais-tu donc que je
me misse laquais, commis ou porteur d'eau?
moi ! rejeton d'une des plus nobles familles
de France, non ! jamais, plutôt la mort !
Ecoute?... depuis que tu as reçu les funestes
nouvelles de ta mère, je cherche de toutes
manières comment nous pourrions échapper
à la misère qui nous menace et je ne trouve
qu'un moyen de salut; cruel il est vrai?
mais après un long combat de mon cœur et
de mon esprit, celui-ci a enfin triomphé et
je suis résolu de mettre de côté tous mes
sentiments et ma délicatesse. Or donc, toi
seule peux nous sauver. Je vais te louer un
appartement sur la belle place des Terreaux;
tu l'habiteras et te montreras souvent à ton
balcon avec une mise agaçante, le sourire
provocateur sur les lèvres et la volupté dans
le regard, puis si quelques hommes fortunés
vont t'offrir leur bourse, tu l'accepteras. Je
te le répète, je ne souffrirai aucune ignominie de la misère, j'aimerais mieux la mort.
Ainsi, si tu m'aimes, mesure le sacrifice que
je te demande sur l'importance de ma ré-

solution qui est irrévocable, et juge ce que tu dois faire. — Cela était clair et positif. Cet homme pour lequel j'avais causé la mort de ma mère, cet homme qui jusqu'alors m'avait montré tant de sentiments délicats voulait me prostituer pour éviter la misère. Si j'avais eu affaire à un homme du peuple, il m'aurait dit : aime-moi toujours, reste toute à moi, et je travaillerai nuit et jour pour ton bien être. Mais le seigneur, le noble, me disait, lui, pour que mes doigts blancs ne se salissent pas, livre ton corps aux souillures du vice, pour que mon orgueil aristocratique ne reçoive point d'avanies, brise ton cœur, fais abnégation de tout ton amour propre, joue la comédie obscène, roule-toi dans la fange. Oh !.. c'était horrible !.. c'était horrible !!.. et cependant après quelques jours de résistance, je consentis à tout. Qu'aurais-je pu refuser à cet homme pour lequel j'avais bien abandonné la meilleure des mères ; je l'aimais d'un amour si grand, si généreux, que pour lui éviter la moindre peine, j'aurais donné ma vie, mon honneur. Ainsi pour l'arracher à la misère, je me prostituai à qui voulut. Il m'eut bientôt mise à la mode. Continuant à mener la vie de grand seigneur avec ce que je lui gagnais, lorsqu'il se trouvait en compagnie d'hommes à pouvoir faire d'assez avantageux sacrifices ; il leur disait : eh ! messieurs, ne connaîtriez-vous pas encore la belle Bordelaise qui vient de débarquer dans cette ville. On dit que c'est une marquise ruinée qui refait sa fortune ?.. Elle prend un peu cher, mais elle est ma foi charmante ! et il disait cela sans se troubler, avec le ricannement de l'insouciance et du libertinage. — Oh ! c'était horrible ! c'était horrible !! il fallait que la lâcheté et la crainte des privations fut bien puissante dans son cœur, car, tout en me vouant indignement à l'avilissement, il m'aimait pourtant encore, et son amour que je reconnaissais, jetait quelques lueurs de joie dans la profonde horreur de mes chagrins. Une preuve qu'il m'aimait encore, c'est qu'il était jaloux. Lorsqu'il savait que je m'étais livrée à quelque fashionable d'assez bonne mine, il me disait : hé bien tu as dû avoir du plaisir avec celui-ci ? il a du te plaire ? et il me disait cela avec une peine profonde, et pour le consoler, j'étais obligée de lui faire un affreux détail de tout ce qui s'était passé, jusque à chacune de mes paroles et enfin de lui jurer que ces hideuses prostitutions ne m'offraient que des joies repoussantes et que les caresses des hommes que je recevais ne m'inspiraient qu'un horrible dégoût.

Nous restâmes environ six mois à Lion, puis nous partîmes à Moulins que nous quittâmes bientôt pour aller à Nevers, puis à Bourges. Nous étions dans cette dernière ville depuis quelques temps, menant toujours la même existence, lorsque le baron reçut une lettre de Georges son secrétaire; il lui disait d'aller le rejoindre à Colmar, où il lui communiquerait une chose importante pour refaire sa fortune. Nous nous empressâmes, le baron et moi, de nous rendre ou Georges nous appelait. En arrivant à Colmar, nous le trouvâmes en effet avec Carré, ils nous apprirent que, s'étant affiliés à une bande de faux-monnayeurs éta-

blis dans les Vosges, ils espéraient en peu
de temps ramasser au moins cinq ou six
cent mille francs, et que leur manquant un
homme pour se mettre à leur tête et faire
circuler les pièces d'or qu'ils fabriquaient,
ils avaient songé au baron qui avec ses titres pouvait honorablement se présenter à
Colmar et établir une banque avec la fausse
monnaie qu'on lui fournirait et qui serait
ainsi abondamment mise en cours. Le baron
fut enchanté de cette affaire, c'était au moins
plus chevaleresque que de me prostituer pour
vivre. Il loua de suite une maison de bonne
apparence, alla rendre sa visite aux dignitaires et aux aristocrates de la ville, montra par tous ses papiers et ses titres parfaitement en règles. Georges et ses affidés lui ap-
portèrent bientôt une masse de leur fausse
monnaie et il ouvrit une banque qui ne
tarda pas de s'élever à une assez haute importance. Alors nous commençâmes à re-
prendre notre vie d'opulence et de luxe et en
même temps de bonheur, car le baron revint
prévenant et délicat à mon égard comme
avant notre infortune. Georges et Carré
toujours animés du plus généreux dévoue-
ment pour leur maître ne sortaient presque
jamais de la grotte où ils fabriquaient leur
monnaie. Six autres individus travaillaient
avec eux, tous six étaient des horlogers de
Genève. Georges devenu le chef d'atelier, était
parvenu par des procédés chimiques à composer de la monnaie parfaitement imitée et
qui ne gagnait pas moins de mille pour cent.
Avec un si grand bénéfice et l'activité avec
laquelle on travaillait, on ne pouvait que

faire, ainsi que Georges l'avait dit au baron, de promptement réaliser une fortune considérable. La banque de Colmar ne suffisant pas pour donner cours à ce que l'on fabriquait, Léoli, un des six genêvriens, fut envoyé à Paris où il établit un comptoir d'échange, et ainsi tout prit de plus en plus d'extension. Il y avait environ une année que cela durait lorsqu'un jour Georges vint à Colmar chez le baron et témoigna le désir de savoir à combien se montait la caisse. On fit les comptes, il se trouva près d'un million. A la vue de cet immense trésor, un sourire étrange erra sur les lèvres du secrétaire, et le soir quand il fut seul avec le baron, il lui dit : — Nous en avons assez. — Comment assez, reprit le baron, nous sommes neuf pour ce millon, et nos six compagnons prennent la meilleure moitié ?..

— Allons donc maître, est-ce que vous ne m'avez pas deviné ? préparez-vous seulement à fermer votre banque comme si vous vouliez tout simplement retourner dans votre pays. Allez noblement rendre vos visites de départ et d'aujourd'hui en quinze jours, à minuit, trouvez-vous à trois licues d'ici sur la route de Strasbourg avec deux voitures bien équipées, portant tous nos fonds; vous nous rencontrerez Carré et moi, nos cinq compagnons seront morts, et tout sera réglé. Léoli est de notre parti, sauf à nous de l'expédier plus tard; en attendant ni vus, ni connus, nous serons riches et d'honnêtes gens. Je ne vous dis que cela, mettez des précautions et de l'activité et soyez prêt à l'heure.

— Mais cher secrétaire, tu es fort expéditif, es-tu au moins bien sûr de ton fait. Nos associés seront cinq contre vous deux, Carré et toi, il n'est pas certain que vous puissiez les anéantir si vite ?..

— Soyez sans inquiétude maître, à moi seul je me charge des cinq, ils mourront sûrement et même sans qu'il y ait une goutte de sang versée. Ma science me suffirait contre vingt fois plus, et du reste s'il vous faut des explications : vous savez déjà que nos cinq compagnons couchent dans notre souterrain séparément de Carré et de moi, hé bien, ne me suffira-t-il pas de mettre le soir dans leur local, une composition chimique qui dégagera du gaz délétère pour les asphyxier ?... Soyez sans crainte, je ferai la dose assez forte pour que l'effet n'en soit pas équivoque.

Quinze jours après, le baron avait agi suivant l'avis de son secrétaire, et à minuit, nous arrivâmes avec les deux voitures à l'endroit convenu sur la route de Strasbourg. — Georges et Carré y étaient.

— Hé bien, leur dit le baron, tout s'est-il bien passé ?..

— Comme je vous l'avais dit répondit Georges, seulement un des cinq s'est trouvé hors de la caverne, et parconséquent il est sauve. J'ai crié pour le faire venir, s'il ne s'était pas trouvé loin, nous l'aurions égorgé ; mais je n'en ai point eu de nouvelle ; du reste, il ne peut nous inspirer aucune crainte, il trouvera ses quatre camarades tous bien étendus comme s'ils dormaient, il ne pourra pas même s'expliquer pourquoi ils ne se réveil-

leront plus ; et pour le reste, son sort est soumis
au nôtre.... Mais j'ai à vous entretenir d'autre
chose, le temps presse. Voulez-vous avoir la
bonté de venir ici à quelques pas ? — Le baron
parut hésiter à descendre de voiture, il crai-
gnait sans doute quelque perfidie de son secrétaire. Cependant il obéit, s'étant un peu
éloignés, ils causèrent mystérieusement pendant quelques instants, puis s'échauffant dans
la discussion, ils parlèrent bientôt assez haut
pour que je pus les entendre.

— Oh ! c'est impossible! ce serait une cruauté
inouie disait le baron.

J'en conviéns, répondit Georges, mais puisque c'est la nécessité qui le veut, que voulez-
vous y faire. C'était bien aussi une cruauté que
de tuer ces quatre bons ouvriers que je viens
d'asphyxier, mais puisqu'il fallait leur mort
pour notre bien être, je n'ai pas hésité à agir.
Voyez-vous pour ce que je vous conseille ici,
songez donc que vous allez plus que jamais,
devenir grand seigneur. Vous voilà un million
ici, puis deux millions de votre oncle qui ne
tardera sans doute pas à mourir. En tout trois
millions. C'est admirable. Songez ce que vous
pouvez faire avec une pareille fortune, votre
grand nom et votre jeunesse. Vous pouvez
combler tous vos caprices, mais cette femme
si vous la conserviez, porterait le deuil et
l'importunité dans tout votre avenir. Ne serait-
il pas en effet bien désagréable pour vous, si
dans le monde, vous rencontriez de temps à
autre de ces jeunes gens auxquels elle s'est
prostituée à Lyon, à Moulins et ailleurs. Serait-
ce bien flatteur qu'ils la retrouvassent avec
vous. Allons suivez mon conseil ?....

— Mais laissons-lui au moins quelques dixaines de mille francs, pour se soutenir.

— Je vous l'ai déja dit, l'argent ne ferait que lui donner la facilité de vous poursuivre et de vous causer des désagréments. Allons, c'est fini, ne perdons point de temps...

J'avais de suite compris qu'il s'agissait de moi, un froid mortel m'en avait gagné le cœur. Je voulus crier pour demander grâce, pour implorer leur pitié, mais Carré me prit dans ses bras, m'arracha de la voiture, et alla me jeter par-dessus une haie qui bordait la route. Le baron s'écria bien : Non ! non ! et s'avança bien un peu, comme pour arrêter Carré qui m'emportait, mais Georges le prit par le bras, se mit encore à lui renouveler ses remontrances, et l'entraîna dans un des cabriolets. Carré monta dans l'autre, et ils s'éloignèrent au galop, avant que j'eusse même pu me relever d'où j'avais été précipitée. Mon premier mouvement fut de les suivre. Je me mis à courir sur la route; bientôt je n'entendis plus le bruit de leurs voitures, mais je courus toujours tant que j'eus de la force, puis quand ma poitrine fut haletante, quand mes jambes ne purent plus me soutenir, je tombai dans un fossé. J'étais brisée, expirante de fatigue : un lourd sommeil s'empara de mes sens. Oh ! que j'eus un terrible réveil. Me trouver abandonnée ainsi d'une manière si cruelle et si injuste, par cet homme pour lequel j'avais tout sacrifié; mère, honneur, fortune; par cet homme que j'avais nourri au prix des affreuses ignominies auxquelles je me livrais pour lui donner du pain. Oh ! c'était une monstruosité d'ingratitude. J'avais envie de me donner la mort. Si j'avais

eu un pistolet, je me serais fait sauter le
crâne. Bientôt j'eus faim. Je n'avais pas une
obole pour acheter du pain. Je restai longtemps sans manger ; puis enfin, le trop grand
besoin l'emporta, je me décidai à mendier.
Moi mendier ! Oh ! ma mère ! ma bonne mère!!
Du haut du ciel, avez-vous pu voir mendier
votre fille dont vous étiez si glorieuse et que
vous pariez avec un si grand orgueil. Votre
fille que vous faisiez servir avec tant de bons
soins et d'empressements ? Oh ! grâce ! grâce!!
ma mère ! ce que je souffre est sans doute en
expiation du mal que je vous ai fait. N'est-ce
pas moi qui vous ai tuée? ma pauvre mère !
Oui, je vous ai tuée, pour cet homme qui me
tue à son tour ?

. . . .

Je ne puis plus vous dire ce qui m'est arrivé ensuite, ce sont des misères horribles. Il
y a de cela environ un an, depuis lors., je
cours çà et là. J'ai suivi toute l'Alsace. Je suis
allée à Strasbourg et suis enfin venue à Nancy.
Je ne faisais que d'y arriver lorsque la Limande
me rencontra et m'emmena chez elle dans l'état
où vous m'avez vue. Je ne sais pas ce qu'est
devenu le baron ; peut-être est-il dans cette
ville ; je voudrais pourtant bien ardemment le
retrouver, et c'est encore là une chose extraordinaire, Dieu me dirait : veux-tu revoir ta
mère, recouvrer ta fortune, ou revoir le baron? Je demanderais de toute ma force à revoir
le baron. Oui, mon Dieu, je voudrais encore
le voir un seul instant, non pour lui repro-
cher le mal qu'il m'a fait, mais plutôt pour lui
sourire et lui dire que je l'aime toujours plus
que les biens, plus que la vie, plus que ma
mère, plus que Dieu même !!....

La petite Rose n'avait pas interrompu Alix, mais ses larmes n'avaient pas cessé de couler pendant tout son triste récit. Lorsque l'infortunée eut achevé, la bonne jeune fille la combla de caresses et de consolations, en lui promettant qu'elle la ferait protéger par son Alfred qui ne manquerait sans doute pas de lui faire retrouver le baron, et qu'elle reviendrait sûrement un jour au bonheur en épousant cet homme qui lui était toujours si cher.

IV.

Plus je connais le monde et plus je le méprise ;
Notre société n'est qu'un arrangement
Au profit du filou, du faux et du méchant.
Le vice nous régit jusque dans notre Eglise.

                                        V. V.,

Le récit des aventures de l'infortunée Alix a
dû jeter de la clarté sur ce que nous avons
dit précédemment et suffisamment expliquer
pourquoi notre baron avait des remords et
aussi pourquoi il était obsédé d'inquiétudes.

Les personnes dont il faisait surveiller l'approche à Nancy, n'étaient autres qu'Alix et le faux-monnayeur qui le cherchait pour lui vendre sa discrétion à cher prix ou le livrer à la justice au péril de sa propre vie.

Or, pour en revenir au fil de notre histoire, le baron, avait donc appris qu'Alix devait être à Nancy, et Carré cherchait toujours vainement de la rencontrer, lorsque tout-à-coup Léoli arriva. — Nous avons déjà dit quelques mots de ce personnage. C'était un de ces hommes comme on en rencontre souvent : d'une stature moyenne, aux cheveux blonds, à physionomie intelligente, portant des favoris et un habit bleu à la française, avec des boutons brillans. Ayant terminé ses affaires à Paris, il venait régler et demander la part qui lui revenait dans le trésor commun. Le baron l'avait fort bien reçu, et malgré l'avis contraire de Georges, il était tout disposé à lui rembourser ce qui lui revenait. Le secrétaire maudissait la faiblesse de son maître, pour des affaires aussi graves, dans lesquelles il vaut toujours mieux trancher la tête de son compagnon que de risquer la sienne. Il y avait déjà plusieurs jours que Léoli était chez le baron, lorsque celui-ci sortit en le laissant seul dans son cabinet. Au même instant, Georges et Carré se rencontrèrent dans une salle voisine.

— Le baron est absent et s'obstine à nous compromettre, agissons sans lui, dit tout bas Georges à Carré.

— Que voudrais tu faire ? répondit celui-ci.

— Tuer cet homme qui est là entre nos mains et qui sera le cauchemar de tout notre avenir, si nous le laissons échapper.

—Comme il te plaira, je suis prêt à tout.

—Hé bien ! oui, agissons et sans perdre de temps.

Alors tous deux entrèrent dans la chambre où était Léoli. Un instant après, le baron rentra. Georges l'arrêta sur la porte et lui montra le Genévrien étendu sur le parquet, baigné dans son sang.

— Je te l'avais pourtant défendu !... s'écria le baron.

— Je vous demande pardon, cher maître, mais je suis sûr de vous avoir bien servi en agissant ainsi.

—Oui, mais je t'avais dit que je ne voulais plus de sang versé, plus de meurtre. J'ai horreur de toutes ces atrocités.

— C'est positivemant pour en finir que j'ai tué cet homme. C'est bien facile à comprendre: Vous lui auriez donné les deux ou trois cent mille francs qui lui revenaient. Qu'est-ce qui dit qu'il ne les aurait pas eu promptement dissipés et ne serait pas venu ensuite vous tourmenter, vous menacer de dénonciation, et vous arracher cent mille francs par cents, jusqu'à vos dernières ressources, alors il vous aurait nécessairement fallu vous en délivrer, et je suppose que vous n'eussiez été forcé d'en venir à cette fin, que dans quinze ou vingt ans, c'eut été un meurtre qui aurait souillé votre vieillesse. Puisque l'abîme est ouvert, comblons-le de suite, puis nous jetterons sur cet horrible passé le voile de l'oubli si nous le pouvons. Tenez, en cet instant, il ne nous manque plus que la tête de l'autre, qui n'a pas été asphixié, et nous serions tranquilles; il resterait bien encore Alix, mais celle-ci ne m'inquiète pas, car elle mourrait dix fois plutôt que de vous compromettre. Je me connais aux cœurs des femmes, elle vous aimera toujours trop pour chercher à vous nuire.

Le baron se soumit bientôt aux argumentations radicales de son secrétaire, et l'on ne s'occupa plus qu'à faire disparaître les traces de la mort de Léoli. Carré et Georges ensevelirent son corps dans la fondation d'une muraille de cave de la maison qu'habitait le baron. Le cadavre doit y être encore.

Les désirs de Georges ne tardèrent pas à être entièrement satisfaits. Carré ayant eu connaissance que le genévrien, qui avait échappé à l'asphixie, vivait presque toujours avec un certain abatteur d'arbres, dans les forêts des Vosges, et ayant un jour aperçu l'abatteur à Nancy, il se déguisa et alla l'attendre le soir sur la route où il devait passer. Là, il lui offrit une somme assez considérable, s'il voulait tuer l'individu. L'abatteur hésita quelque peu, mais bientôt tenté par l'appas de l'argent qui lui était offert, il consentit à tout. Alors Carré lui dit qu'aussitôt que le coup serait fait, il n'aurait qu'à adresser une lettre poste-restante, à une adresse fausse qu'il lui donna et qu'on lui remettrait la valeur dite où il apporterait la tête de sa victime, pourvu que l'heure du rendez-vous fût la nuit.

Quelques jours après, la lettre se trouva à la poste. L'abatteur devait être à minuit sur le pont d'Essey. Carré s'y rendit. L'abatteur lui remit la tête. Carré la regarda attentivement à la lueur d'une lanterne sourde dont il s'était muni, et ayant reconnu que c'était bien celle du genévrien, de dessus le pont, il la jeta au

milieu des courants de la rivière, et après avoir
payé l'assassin, il rentra tout joyeux, appren-
dre l'heureuse nouvelle à son maître.

Pour surcroit de bonheur, peu de temps
après, le baron reçut l'avis que son oncle était
mort en le faisant son unique héritier. Alors,
délivré de tous ceux qui pouvaient le compromettre, et possesseur d'une fortune considérable, il songea à retourner en Gascogne.
Ayant écrit pour s'informer, s'il aurait toujours
à craindre au sujet de son duel avec le comte
de Martignac, on lui répondit que beaucoup
des proches parens du jeune comte étaient
morts, et que, parconséquent il pouvait sûrement reparaître à Bordeaux. Il était fort heureux de pouvoir ainsi, à son gré, retourner
dans son pays natal. Cependant il retarda un
peu son départ pour mettre fin à son désir de
faire marier ses deux jeunes protégés, Gabriel
et Madeleine, avant de quitter Nancy. Il s'uf-
frit à donner vingt mille francs pour établir le
jeune couple, et le mariage dût s'accomplir le
plus promptement possible. Gabriel avait vingt
ans, Madelaine en avait dix-sept, tous deux
étaient dans un âge convenable. Gabriel fut
au comble du bonheur de voir s'approcher son
union avec celle qu'il aimait si vivement. Madeleine parut aussi se préparer avec joie à l'hy-
men. Cependant il fut facile de remarquer que
ce n'était pas avec un bonheur parfaitement
complet qu'elle s'y livrait. C'est qu'il faut l'a-
vouer, quoi qu'en se faisant son chaste protecteur, et en se conduisant près d'elle plutôt en
père qu'en amant, le baron lui avait inspiré
quelqu'amour, et sans le vouloir, l'avait un
peu détachée de son fiancé. Mais à la vérité la

jeune fille ne se doutait pas même de cette affection. Elle avait germé dans son cœur, d'a-
bord d'une manière imperceptible, puis elle
s'était accrue petit à petit et s'était en quelque
sorte rendu maîtresse de la candide enfant,
entièrement à son insue. Ce qui avait le plus
porté Madeleine à s'éprendre de quelqu'amour
pour le baron au préjudice de Gabriel, c'était
les belles manières et surtout les brillantes
causeries du jeune noble qui avaient d'autant
plus d'effet sur la jeune fille, qu'elles contras-
taient singulièrement avec tout ce qui l'entou-
rait dans sa société artisane. Gabriel etait doué
d'une grande douceur de caractère; mais le
manque d'instruction et surtout d'éducation,
laissait toujours une teinte de brutalité, même
dans ses manières les mieux intentionnées, et
puis, il faut aussi l'avouer, quoique nous ayons
dit que Gabriel avait une figure agréable, il
est bien certain que la beauté mâle et méri-
dionale du baron devait nécessairement être
préférable à la gentillesse féminine, et peut-
être un peu niaise, du jeune homme.

Il était sans doute inutile de faire remarquer
cet état des sentimens de Madeleine, car il ne
produisit aucun effet. Elle se prépara à l'hy-
men comme si rien n'était, et de plus, le baron
lui-même avait nullement remarqué l'amour
que la jeune fille avait pour lui, au contraire,
il croyait que les fiancés s'aimaient également,
et étaient tous deux au comble du bonheur,
de voir approcher le jour de leur union. Il en
entretenait souvent son secrétaire. « Mon cher
Georges, lui disait-il un jour, je ne puis pas
t'exprimer combien j'ai de plaisir de contribuer
à la félicité de ces deux enfans, et en les voyant

se disposer à leur union, j'éprouve plus que jamais le désir de m'unir aussi avec ma fiancée, à moi. Alix ! pauvre Alix ! où est-elle maintenant ; nous avons été vraiment trop injustes à son égard ; car enfin, si elle s'est livrée à d'autres hommes, c'était pour moi, et l'avoir ainsi abandonnée sans ressources. Tu as beau dire, aucun chagrin ne pourrait m'être plus pénible que celui de la maltraiter ainsi, aussi, serais-je au comble du bonheur, de pouvoir la revoir ; notre mariage se ferait le même jour que celui de Gabriel et de Madeleine. Au moins, je pourrais retourner sans remords dans mon pays natal. Comprends donc combien vont encore devenir plus vifs mes remords quand j'arriverai sans elle dans ces lieux où je l'ai ravie à sa pauvre mère qui en est morte de désespoir. Oh ! c'est horrible ! c'est horrible ! Hé bien avec elle je me retirerais dans mes terres et j'y vivrais satisfait. Je te céderais ma place dans le monde, et tu prendrais pour toi cette vie de grand seigneur dont tu crains qu'elle ne me prive. Je t'assure que je t'abandonnerais sans peine toutes les brillantes jouissances que la fortune peut procurer.

Ne voulant dans le fond que le bonheur de son maître, et voyant que par son changement de caractère Alix seule pouvait l'assurer, Georges en était venu à désirer la rendre au baron. Ils écrivirent de toutes parts, les réponses affirmèrent qu'elle devait être à Nancy. Alors on redoubla de recherches pour la trouver. Mais ce fut toujours en vain, car ainsi que nous l'avons vu, étant encore gravement malade, elle ne sortait jamais de la chambre de son amie. Le mariage de Madeleine

fut quelque temps différé , mais voyant qu'on
ne réussissait pas à rencontrer Alix , le baron
résolut enfin de le faire accomplir. On était à
la veille du jour fixé définitivement pour la
cérémonie. Gabriel dut aller se confesser.
Ce fut le soir qu'il se rendit à la cathédrale
pour accomplir cette dernière formalité. Il se
plaça dans un confessional. Un prêtre ne tarda
pas à s'y présenter. Après lui avoir fait ses
aveux Gabriel allait se retirer , mais hélas !
pauvre jeune homme, quelle ne fut pas sa surprise, quand après une courte exhortation son
confesseur lui dit d'une voix terrible : « Gabriel,
votre fiancée est indigne de vous. Le baron de
la Tolade vous donne vingt mille francs ?
l'infâme ! ce n'est pas assez pour avoir eu les
premières faveurs de Madeleine. Brave Gabriel ?
songez à ce qui vous reste à faire » et après
cela le prêtre disparut subitement. On a sans
doute bien déjà deviné que c'était l'abbé Gosselin qui essayait là une nouvelle vengeance.
Elle fut terrible! Le lendemain on entra dans
la chambre de Gabriel , il n'y était plus ,
on trouva seulement la lettre suivante qu'il
avait laissée : « Nous autres ouvriers, avait-il
écrit , qui n'avons pas comme les riches les
moyens de varier nos plaisirs, nous donnons
tout notre cœur à une seule affection qui varie
suivant notre caractère et une fois que cette
passion dominante s'est fixée chez nous , c'est
pour elle seule que nous vivons, toute notre
existence se rapporte entièrement à elle. Moi
j'aimais Madeleine, tout mon bonheur était
en elle, mais elle m'a trompé, je ne dois plus
vivre ; demain l'on trouvera mon corps dans
la rivière près du pont de Malzéville. »

Ce suicide de Gabriel si mal fondé, si in-
attendu, jeta une consternation générale.
Tous les projets et les espérances qui devaient
survenir du mariage des deux fiancés furent
anéantis par cette terrible fin de l'un d'eux.

Ainsi dans ce monde sont souvent changés
les évènements que l'on croit les plus sûrs. Le
baron qui se flattait de faire le bonheur de ses
deux protégés avait au contraire été la cause
innocente, il est vrai, mais non moins fu-
neste de la mort de l'un, et du deuil de l'autre. Ce fut comme un coup de foudre qui
étourdit tout le monde. On ne sut plus ce que
l'on devait faire, ni comment l'on devait es-
pérer l'avenir. Pendant quinze jours on resta
comme anéanti, sans s'interroger, sans se parler, sans agir. Cependant lorsque le grand
effet fut passé, ayant relu avec attention la
lettre qu'avait laissée Gabriel, le baron comprit de plus en plus qu'il avait été la cause
involontaire du suicide du malheureux jeune
homme qui l'avait cru l'amant de sa fiancée; et
aussitôt l'idée lui vint d'épouser la jeune fille.
Il se dit : Gabriel l'a cru coupable, il s'en est
donné la mort, le monde croira aussi à ses
relations avec moi et lui jettera le déshonneur,
quoique je ne sois qu'innocemment cause de
tout ce malheur qui a déjà à moitié atteint
la pauvre enfant, c'est à moi de la rendre à
l'honneur et à la félicité en la faisant ma
compagne. Ces réflexions partaient bien du
cœur du baron, mais au moment de sa détermination, un souvenir d'Alix lui venait et dé-
truisait aussitôt tout ce qui avait rapport à Madeleine; de sorte qu'il restait toujours sans définitivement s'arrêter à une résolution; lorsqu'un

jour Carré rentra tout effaré et raconta précipitamment au baron qu'étant allé se promener
à Tomblaine, il avait vu une femme noyée
que des pêcheurs avaient sortie de la rivière,
et qu'après l'avoir bien attentivement regardée,
il avait reconnu que cette femme était Alix :
— mêmes vêtements, même taille, mêmes cheveux, enfin, je suis positivement sûr que c'est
elle, dit-il avec affirmation.

Cette nouvelle produisit le plus terrible effet
au baron. Pendant quelques jours, il fut in-
consolable; il fit prendre le deuil à toute sa
maison, ne sortit plus de son appartement, et
devint plus soucieux, que jamais encore.

Cependant Carré s'était trompé. La femme
noyée n'était point Alix, car elle était bien
toujours chez sa petite amie Rose, et de plus
pendant qu'on la croyait ainsi morte, elle
était même sur le point de tout perdre; car
ayant été signalée à l'abbé Gosselin par la
Limande, il avait adroitement trouvé le moyen
de la visiter sous de bonnes apparences et
lui accordant de plus en plus sa confiance,
elle était sur le point de lui raconter son
histoire avec toutes les circonstances particulières, et on peut bien penser qu'une fois
maître du secret des crimes de son rival, il
ne devra pas tarder à le livrer à la justice.

Environ trois mois s'étaient écoulés sans
nouvel évènement, lorsqu'Alix se trouva entièrement rétablie. L'abbé qui s'en était ardemment épris, la voyait très assidûment et
comme par pressentiment que cela pouvait lui
être de quelqu'intérêt, il la pressait toujours
de lui faire le récit de ses aventures et défini-

tivement un jour elle promit que le soir elle
comblerait ses désirs. Ce jour là, il faisait beau.
Comme pour mieux se préparer à revenir encore sur ses tristes souvenirs, elle sortit un
peu se promener. Rose l'accompagna. Elles
allèrent respirer sous les arbres de la pépi-
nière, revinrent par la place Carrière, et en
passant sur la place Stanislas, ayant aperçu
des voitures à la porte de l'hôtel-de-ville,
elles se mêlèrent aux curieux pour regarder.
C'était un mariage. Bientôt la mariée sortit de la
mairie et monta dans une riche calèche, c'était
Madeleine. Le marié causait au fond du péris-
tile, sous les colonnes, avec le maire et quelques
autres messieurs. Il se fit attendre un instant,
puis enfin il accourut précipitamment et s'é-
lança dans la calèche avec sa jeune épouse,
en même temps le postillon impatient, fouetta
les chevaux et l'équipage partit avec la plus
grande vîtesse.

A la vue du marié, Alix poussa un cri aigu,
se dégagea du bras de son amie et se précipita
vers la voiture, mais bientôt elle la perdit de
vue sur la route de Paris; c'est qu'en cet homme
elle avait reconnu le baron de la Tolade qui
venait de s'unir pour toujours à Madeleine et qui
partait de suite pour Bordeaux. Pauvre Alix,
elle cria, se lamenta, la foule se rassembla autour d'elle; le peuple impitoyable l'accabla de
cruelles railleries. La bonne Rose l'entoura de
ses deux petits bras en voulant la retenir et la
consoler, mais hélas! elle n'était plus susceptible de rien comprendre, la malheureuse! Cette
terrible émotion venait d'éteindre sa raison;
elle était folle. On la conduisit à Maréville où
elle mourut peu de temps après. La petite Rose

resta sa fidèle amie. Elle allait souvent la voir et lui prodiguait toujours ses tendres caresses. Maintenant elle est à Paris avec son amant, Alfred de Beaulys, qui s'est formé une assez brillante position comme homme de lettre, et étant toujours pour lui aussi bonne et aussi aimante, il la rend très heureuse et ne l'abandonnera sûrement jamais.

Madame Poisson est dernièrement morte à l'hôpital. L'abbé Gosselin mène toujours sa vie d'intrigues et de plaisir ; en même temps, et peut-être en conséquence de sa conduite, son avancement est rapide. Il n'y a pas à désespérer que, nouveau Borgia, il ne devienne un jour pape. Georges et Carré ayant été grandement enrichis par leur maître, sont tous deux heureux ; l'ex-secrétaire est un des plus brillants dandys de la capitale, et Carré suivant ses goûts plus matériels est devenu un des premiers cultivateurs de la Gironde. Le baron habite un joli Castel situé sur le bord de la Garonne. Il est bien encore quelquefois tourmenté par ses souvenirs, mais de plus en plus il oublie le passé près de Madeleine et de deux jolis enfants qu'il en a eus. C'est la vertu qui épure le vice et le rend au calme et à la félicité.

FIN.

Verdun. — Imp. de Lippmann.

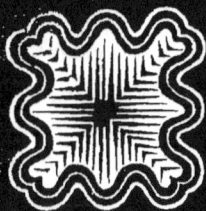

ERRATA.

Page 6, ligne 11 de l'introduction ; *point d'attaquer,* lizez : POINT ATTAQUER.

Page 14, ligne 1re du 1er Chapitre ; *des sons mysté-rieux*, lisez : CES SONS MYSTÉRIEUX.

Page 46, ligne 31 du 2e Chapitre ; *dote*, lisez : DOT.

Page 55, ligne 8 du Chap. 2 ; *hier soir*, lisez : UN SOIR.

Page 56, ligne 28 du Chap. 2 ; *vieillies*, lisez : VIELLES.